KB010262

100세까지
내 손으로 해먹는
100가지 음식

100세까지

내 손으로 해먹는

100가지 음식

주나미 지음

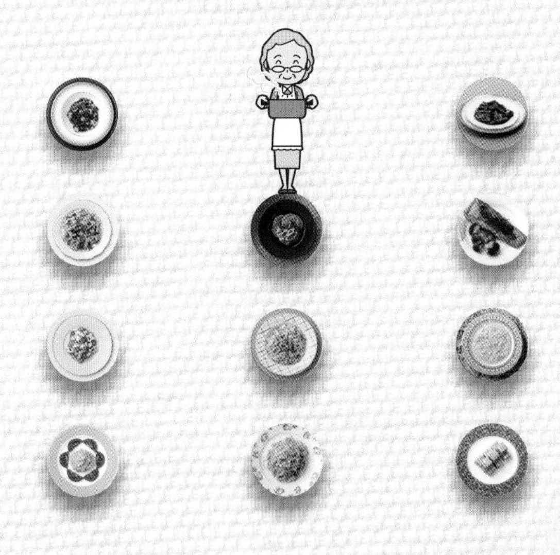

정다와

차례

1

팔팔한 기억력, 생선요리 10가지

2

돋보기 없는 세상, 달걀 & 두부요리 10가지

3

피부노화 해결, 채소요리 10가지

4

면역력 쑥쑥, 국물요리 10가지

5

기력회복, 한그릇 밥 10가지

6

소화만점! 술술 넘어가는 죽 10가지

7

변비탈출, 한끼 샐러드 10가지

8

입맛 돋우는 건강한 국수요리 10가지

9

허리꼿꼿 무릎튼튼, 고기요리 10가지

10

건강up 기분up, 영양간식 10가지

100세 시대,
시니어의 식생활 관리를 위하여

바야흐로 100세 시대입니다!

나이가 들면서 신체의 구조와 기능이 점차 저하되는 '노화'가 일어나는 것은 피할 수 없는 일이지만 일상생활에 지장을 줄 정도로 신체기능이 심하게 저하된 상태를 의미하는 '노쇠'는 피할 수 있습니다.
노쇠를 막는 건강한 100세를 살기 위해서 가장 중요한 것 중 하나는 균형 잡힌 영양 섭취입니다.
이 책은 100세 시대에 건강한 식생활을 영위하기 위하여 식생활 지침, 조리원칙 등을 고려하여 다음과 같은 목적과 의도로 집필하였습니다.

일단 잘 먹고, 영양 섭취를 제대로 하자!

현재 우리나라 시니어는 영양 부족 상태로 평가되고 있으며, 영양 부족인 경우 질병에 걸릴 확률은 높아집니다. 즉, 잘 먹는 것이 중요하기 때문에 잘 먹을 수 있는 방안을 고려하였습니다. 식생활과 연결된 고령자의 생리적 변화인 저작, 연하곤란 및 오연 등을 고려하여 최대한 연화되게 조리하였습니다.

쉽고 간편하게 손수 만들자!

먹는 것의 중요성을 충분히 알고 있어도 조리시간이 길거나 어려우면 조리를 하지 않게 되지요. 그래서 최대한 단순하게 조리하였습니다. 가시를 주의해야 하는 생선의 경우 순살 생선이나 뼈까지 섭취해도 괜찮은 생선 통조림을 사용하도록 하였고, 소스 등은 레시피를 소개하였으나 제품으로 나와 있는 것도 있으니 구입 시 참고할 수 있도록 하였습니다.

이왕이면 건강하게 먹자!

기본 재료에 영양학적 균형을 생각하여 궁합이 맞는 부재료를 첨가하였습니다. 기력회복을 위한 한그릇 밥 요리에서는 밥 재료의 영양학적 궁합뿐만 아니라 양념장 재료의 궁합도 고려하였으며, 우엉조림을 할 때 북어가루를 토핑할 수 있게 하였습니다.
이와 같은 원칙에 준하여 다음과 같이 10개의 챕터로 나누어 각각 10가지씩 음식을 소개하였습니다.

1. 팔팔한 기억력, 생선요리 10가지
2. 돋보기 없는 세상, 달걀 & 두부요리 10가지
3. 피부노화 해결, 채소요리 10가지
4. 면역력 쑥쑥, 국물요리 10가지
5. 기력회복, 한그릇 밥 10가지

6. 소화만점, 술술 넘어가는 죽 10가지

7. 변비탈출, 한끼 샐러드 10가지

8. 입맛 돋우는 건강한 국수요리 10가지

9. 허리 꼿꼿 무릎 튼튼, 고기요리 10가지

10. 건강 up 기분 up, 영양 간식 10가지

각 음식마다 꼭 알아두면 좋을 내용으로 팁을 구성하였으며, 국물요리의 경우 재료 손질 등을 확인할 수 있도록 요리 과정 사진을 실었으니 참고하시기 바랍니다. 또한 모든 요리에 사용한 식재료는 고령자 건강관리에 좋은 식재료를 엄선한 것이니 다른 요리에도 이용하시어 건강한 100세를 약속하시기 바랍니다.

2019년 5월,

주나미

음식 섭취,
꼭 기억해 두세요!

- ◻ 영양밀도가 높은 다양한 음식을 소량으로 규칙적으로 자주 섭취해 주세요.
- ◻ 근력과 기력회복을 위해서 소화가 잘되는 질 좋은 단백질 식품인 두부, 생선, 부드러운 살코기를 꼭 섭취하세요.
- ◻ 골다공증 예방을 위해서 칼슘이 많은 우유 및 유제품을 충분히 섭취하세요. 우유는 따듯하게 데워서 천천히 섭취하고, 요구르트는 마시는 형태보다는 떠먹는 것을 권장해요. (단순한 수분 형태는 폐로 넘어가는 오연의 우려가 있어요.)
- ◻ 항산화물질과 식이섬유소가 풍부한 채소를 다양하게 충분히 섭취하세요.
- ◻ 포화지방산이 많은 동물성 지방은 피하고 식물성 기름과 불포화지방산을 적절히 섭취하세요.
- ◻ 혈당지수가 낮은 음식을 섭취하고 케이크, 초콜릿 등에 함유된 단순당 섭취는 제한하세요.

조리 방법, 꼭 기억해 두세요!

조리는 기본적으로 이렇게 하세요.

:: 조직이 부드러워지도록 오래 조리할 것

:: 40℃ 정도(만져 보았을 때 따듯한 정도)로 조리할 것

:: 같은 끼니에서 주재료, 조리법, 양념이 중복되지 않도록 할 것

:: 매 끼니마다 적어도 한 가지 음식은 기호에 맞게 만족감을 느끼도록 조리할 것

:: 식욕을 돋우기 위해 색, 향, 모양 등을 다양하게 조리할 것

:: 참기름, 들기름 등 불포화지방산 함량이 높은 기름, 식물성 기름을 이용하여 조리할 것

:: 국물이 있는 음식은 국물 양이 너무 많지 않게 조절하고 전분, 쌀가루 등을 풀어 농도를 조금 올려 줄 것

:: 미각의 둔화로 짜고 단 음식을 선호하게 되므로 식초, 겨자, 향채소, 소스 등을 활용하고 짠맛을 느끼기 어려운 뜨거운 상태에서는 간을 맞추지 말 것

:: 간장은 분량대로 넣으면서, 나트륨 섭취를 줄이려면 저염 간장을 사용할 것

:: 목 넘김을 부드럽게 하고 싶다면 고기, 생선 등에 밀가루나 녹말가루를 묻혀 가열할 것

고기는 이렇게 조리하세요.

:: 부드러운 부위를 이용하고 결 반대로 자를 것

:: 압력솥을 이용하거나 '수비드 쿠킹'(고기요리 참조) 방법으로 조리할 것

:: 키위, 생파인애플 등의 천연 연육제에 재워서 조리할 것

생선은 이렇게 조리하세요.

:: 가시가 발라진 순살 생선이나 통조림 생선을 구입해서 조리할 것

:: 잔가시가 있는 생선은 압력솥에서 가시를 완전히 무르게 하거나 전체를 갈아서 전 등의 형태로 조리할 것

:: 멸치 볶음 등 건어물은 체에 담고 뜨거운 물을 부어 부드럽게 하는 과정을 거칠 것

:: 건어물은 갈아서 조미료로 사용하는 방법으로 섭취할 것을 권장함

곡류는 이렇게 조리하세요.

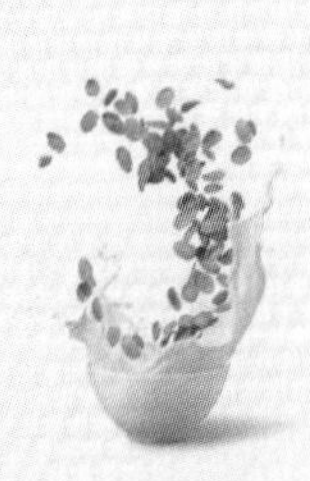

:: 밥은 약간 질게 해서 섭취할 것을 권장함

:: 가루가 있는 떡은 가루를 충분히 털어내고 섭취하도록 할 것

채소는 이렇게 조리하세요.

:: 목에 걸리기 쉬운 채소는 껍질을 벗기고 잘게 잘라서 오래 조리하여 부드럽게 만들 것

:: 말린 나물은 물에 충분히 불리고 오래 삶을 것 (전기밥솥의 보온 기

능으로 12시간 정도 두면 부드러워짐)

:: 나물을 볶을 때는 육수를 자박하게 넣어 주어 부드럽게 조리할 것

:: 질긴 나물을 조금 부드럽게 하고 싶다면 식소다를 조금 넣을 것
(단, 색깔이나 영양소 일부는 손실될 우려가 있음)

:: 뿌리채소는 오래 익히거나 다지거나 갈아서 조리할 것

미리 준비해 두면 좋아요!

□ 곡물 및 두류를 가루로 만들어 놓으세요. 각종 가루를 준비해 두어 국물이 있는 음식, 촉촉한 음식에 뿌려 먹으면 좋아요. 한 달에 한 번은 콩가루, 견과류 가루, 북어가루 등 가루 만드는 날!

□ 한약재(황기, 복령, 차전자, 구기자 등)는 건조되어 있어 저장이 가능하므로 몇 가지를 구비해 놓고 소스, 국물 내는 음식 등에 사용해 주세요.

□ 국물이 들어가는 요리(조림, 국, 탕 등)를 위하여 미리 쇠고기육수, 다시마육수, 멸치육수 등을 준비해 두면 영양 up, 맛 up!
2인분 기준 국이나 찌개에는 2컵 정도, 볶음과 조림에는 1/3~1/2컵 정도의 육수가 필요!
(이 책의 각 요리에 나오는 육수는 기호대로 사용해도 좋아요. 만능 육수는 어떤 음식에도 사용가능한 육수이니 참고하세요.)

만능육수

재료

물 10컵(2L), 말린 황태머리 1개, 말린 밴댕이 5개, 다시마 1장, 말린 표고버섯 1개, 무 200g, 양파 1/2개, 대파 2뿌리, 마늘 3쪽, 생강 1/4개, 통후추 약간

만드는 법

① 마른 팬에 말린 황태머리와 밴댕이를 넣고 약한 불로 굽는다.

② 양파와 무는 적당한 크기로 썰고, ①과 나머지 재료와 함께 냄비에 넣는다.

③ ②에 물을 붓고 뚜껑을 덮어 센 불로 끓인 후, 김이 나오면 약한 불로 줄여 30분 동안 더 끓인다.

④ ③을 체에 걸러서 소분하여, 냉동실에 보관해 사용한다.

국물을 내기 위한
천연가루 제품도 다양하게
있으니 참고하세요.

1

팔팔한 기억력, 생선요리 10가지

◗ 깜박깜박 잊어버려요!

뇌의 노화에 따른 기억력 저하는 나이가 들면서 누구에게나 일어나는 증상입니다.
그러나 정상보다 뇌의 노화가 빠르게 진행되면 치매 등이 나타날 수 있어요.
취미활동 등 뇌를 사용하는 사회적인 활동을 늘리면 뇌의 전 영역의 기능을 발달시키고
노화를 늦출 수 있어요. 또한 균형 잡힌 식습관은 매우 중요해요.
뇌 건강에 좋은 EPA, DHA 등이 많은 생선에, 궁합이 맞는 부재료를 넣어
생선요리를 만들어 보아요!

◗ 어떤 식재료의 어떤 성분이 좋은가요?

:: 고등어, 꽁치, 삼치, 정어리 같은 등푸른생선 : 불포화지방산(EPA, DHA 등)이 많아
기억력을 개선시켜 주고, 뇌혈관을 건강하게 해주어요.
:: 전복, 가리비, 오징어 등 : 타우린(taurine)이 많아 뇌의 인지기능 담당 세포를
활성화시켜 주어요.
:: 브로콜리, 배추 등 : 설포라판(sulforaphane)이 많아 뇌신경 재생 역할을 하는
단백질(뇌신경성장인자 brain-derived neurotrophic factor(BDNF))을 만들어 주어요.
:: 치커리, 상추, 민들레 등 : 치코르산(chicoric acid)이 많아 기억이 손상되는 것을
차단해 주어요.
:: 인삼 등 : 사포닌(saponin)이 많아 뇌혈류 양을 증가시켜 기억력 개선에 도움을 주어요.

순살삼치 당귀 된장조림

재료

순살삼치 1마리(150g)
홍고추 1/2개
풋고추 1개
당귀 2조각

조림 양념

설탕 1/2큰술
된장 2큰술
고춧가루 1/2큰술
맛술 1큰술
다진 파 1큰술
다진 마늘 1/2큰술
홍고추 1/2개
풋고추 1/2개
육수 1/2컵(100ml)

◗ 당귀는 위장 운동을 활발하게 하고 혈액순환을 촉진시켜 뇌의 혈류에 도움이 되어요.
◗ 양념을 미리 그릇에 모두 섞어 놓은 후 한번에 넣어 주면 맛이 골고루 배기 때문에 더 좋아요.

만드는 법

① 순살삼치는 손질한 후 4~5cm 길이로 어슷하게 썬다.
② 냄비에, 씻은 당귀와 삼치를 넣은 후 조림 양념을 넣고 졸인다.
③ 자작하게 국물이 졸아들면 당귀를 꺼내고, 어슷하게 썬 홍고추와 풋고추를 얹는다.

재료

순살가자미 1마리(200g)
무 1/2개
대파 1/4뿌리

조림 양념

간장 3큰술
설탕 1큰술
올리고당 1큰술
우유 1/4컵(50ml)
다진 마늘 1/2큰술
다진 생강 1/3큰술
물 1/2컵(100ml)

◗ 올리고당은 가열에 의해 기능성을 잃을 수 있으므로 가능하면 나중에 넣는 것이 좋아요.

◗ 우유는 뇌 건강에 좋은 식품으로, 생선 조림할 때 넣어주면 더욱 부드러운 맛을 느낄 수 있어요.

만드는 법

① 순살가자미를 씻은 후 반으로 자르고 무는 1cm 두께로 나박하게 썬다.
② 올리고당을 제외한 양념을 고루 섞어 무와 버무린 후, 냄비에 넣고 끓이다가 무가 반쯤 물러지면 가자미를 넣어 졸인다.
③ 가자미가 다 익으면 올리고당과 대파를 넣어 잠깐 끓인다.

순살가자미 우유조림

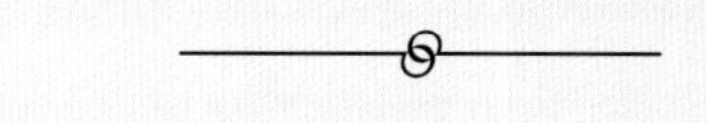

꽁치 꽈리고추조림

재료

꽁치 통조림 1캔(250g)
홍고추 1/2개
꽈리고추 60g

조림 양념

간장 2큰술
설탕 1큰술
맛술 1/4컵(50ml)
다진 생강 1/2큰술
물 1/2컵(100ml)

만드는 법

① 꽁치 통조림은 체에 걸러 조미액을 제거한다.
② 홍고추는 어슷하게 썰고, 꽈리고추는 꼭지를 딴다.
③ 냄비에 조림 양념을 넣고 끓인 후 꽁치와 꽈리고추를 넣고 졸이다가, 국물이 자작해지면 어슷 썬 홍고추를 넣고 잠깐 더 졸인다.

◗ 꽈리고추는 꼭지만 떼고 바로 사용할 수 있어 손질이 쉽고, 식욕을 돋우어 주며 항산화효과도 있으므로 다양한 음식에 이용하면 좋아요.

브로콜리 허브 연어구이

재료

순살연어(스테이크용) 200g
브로콜리 약간
화이트 와인 1큰술
각종 허브(로즈마리, 바질 등) 약간
소금 약간
후추 약간
식용유 약간

구기자레몬 소스

구기자(물에 불린 것) 1큰술
매실청 1큰술
미소된장 1/2작은술
다진 양파 1/2큰술
다진 청고추 1작은술
올리브유 1큰술
레몬즙 2큰술

◗ 허브는 향이 있는 채소로, 기호에 맞는 건조된 것을 구입하여 보관하다가 입맛 없을 때 음식에 사용하면 좋아요.
◗ 화이트 와인 대신 청주를 사용해도 좋아요.
◗ 구기자의 붉은 색소(베타인) 성분은 간에 좋다고 알려져 있어요.

만드는 법

① 순살연어에 화이트 와인, 허브, 소금, 후추를 뿌려 15분 정도 재운다.
② 브로콜리는 먹기 좋은 크기로 잘라 물에 헹군 후 끓는 소금물에 데친다.
③ 달군 팬에 식용유를 두르고 재워 두었던 연어를 앞뒤로 노릇하게 굽는다.
④ 구기자레몬 소스를 곁들여 낸다.

감자채 굴전

재료

굴 200g
감자 1개
녹말가루 4큰술
소금 약간
식용유 약간

초간장

간장 1/2큰술
올리고당 1작은술
식초 1작은술
후추 약간

만드는 법

① 감자는 껍질을 벗기고 가늘게 채 썰어, 녹말가루를 넣고 섞는다.
② 굴은 소금물로 씻어 끓는 물에 데친 후, 녹말가루를 입힌다.
③ 달군 팬에 식용유를 두르고 채 친 감자를 6cm 직경으로 납작하게 깔고 굴을 얹는다. 그 위에 감자채를 살짝 덮은 후 감자가 황갈색이 날 때까지 양면을 익힌다.
④ 초간장을 곁들여 낸다.

◗ 감자채로 전을 부쳐 겉은 바삭하고 안에는 부드러운 굴을 품고 있어서 식감과 맛, 그리고 영양이 일품이에요.

재료

순살갈치 4조각(150g)
방풍잎 40g
단호박 1/4개(150g)
양파 1/4개
홍고추 1/2개
청양고추 1/2개
대파 1/4뿌리
청주 1큰술

조림 양념

간장 2큰술
설탕 1/2큰술
고춧가루 2큰술
맛술 1큰술
다진 마늘 1큰술
생강즙 1/2큰술
후추 약간
물(또는 육수) 1컵(200ml)

TIP

◗ 방풍잎은 '풍'을 예방한다 하여 붙여진 이름으로 따듯한 성질이 있어 해산물과 먹으면 궁합이 좋아요.

만드는 법

① 순살갈치는 깨끗이 씻어 물기를 제거하고 청주에 재워 둔다.
② 단호박은 껍질째 2cm 두께로, 양파는 굵게 채 썰고, 대파, 홍고추, 청양고추는 어슷하게 썬다.
③ 방풍잎은 잎만 떼어 깨끗이 씻고 굵게 채 썬다.
④ 냄비에 양파, 단호박, 갈치 순으로 넣고 양념을 넣어 졸인다.
⑤ 국물이 자작해지면 대파와 고추, 방풍잎을 넣어 잠깐 더 끓인다.

순살갈치 방풍잎 매콤조림

순살삼치 버섯토마토소스 찜

재료

순살삼치 1마리(150g)
청주 1큰술
소금 약간
후추 약간

모둠버섯 토마토소스

다진 양송이버섯 30g
다진 표고버섯 30g
간장 1큰술
토마토소스 2큰술
토마토케첩 1큰술
다진 양파 2큰술
올리브유 약간
물 1/2컵(100ml)

만드는 법

① 순살삼치는 손질하여 4~5cm 길이로 어슷하게 썬 후, 소금과 후추를 뿌리고 청주에 재운다.
② 달군 팬에 올리브유를 두르고 다진 양파를 볶다가, 다진 버섯과 토마토소스를 넣어 어우러지면 토마토케첩, 간장, 물을 넣고 섞는다.
③ ②에 삼치를 넣고 20분 정도 졸인다.

◗ 모둠버섯 토마토소스는 각종 조림 양념으로 사용해도 좋고, 간단하게 밥을 비벼 먹어도 좋아요.

◗ 토마토소스가 없으면 토마토케첩만 이용해도 괜찮아요. 단, 간이 강해질 수 있으니 주의하세요.

재료

순살가자미 1마리(200g)
율무 30g
실파 2뿌리
쌀뜨물 1+1/2컵(300ml)

조림 양념

설탕 1작은술
된장 1/2큰술
고추장 1/2큰술
맛술 1작은술
다진 마늘 1작은술
다진 생강 1/2작은술

율무 가자미 감정

◗ 율무는 곡류이지만 단백질이 많이 있고 붓기를 내려 주고 식이섬유소도 풍부한 식재료예요.

◗ 감정은 국물이 조림보다는 많고 찌개보다는 적은 정도로 자작하게 있는 요리를 말해요.

만드는 법

① 가자미는 2cm×2cm 크기의 주사위 모양으로 썰고, 실파도 2cm 길이로 썬다.
② 율무는 끓는 물에 푹 삶는다.
③ 냄비에 쌀뜨물을 붓고 조림 양념을 잘 섞은 후 삶은 율무를 넣고 끓이다가, 가자미와 실파를 넣고 중불에서 졸인다.

코다리 산사 간장조림

재료

코다리 1마리(200g)
다시마 약간
산사 5g
대파 1/4뿌리
참기름 약간

조림 양념

간장 1큰술
올리고당 1큰술
맛술 1/2큰술
청주 1/2큰술
굴 소스 1/2큰술
생강즙 1작은술
다진 마늘 1/2큰술
물 1컵(200ml)

만드는 법

① 코다리는 손질한 후 양념이 잘 밸 수 있도록 4cm 정도로 썬다.
② 냄비에 조림 양념과 다시마, 산사를 넣고 끓으면, 다시마는 건져서 굵게 채 썰어 코다리와 함께 다시 넣고 졸인다.
③ 국물이 자작해지면 어슷하게 썬 대파와 참기름을 넣는다.

◗ 산사는 소화와 혈액순환을 도와주는 한약재로 특별한 향은 없으므로 어떤 음식에 넣어도 좋아요.
◗ 다시마는 식이섬유도 풍부하고 알긴산이 콜레스테롤을 저하시키기도 하므로, 맛을 우린 후 꺼내지 말고, 얇게 채 썰어 다 먹는 것이 좋아요.

재료

연어 통조림 1/2캔(100g)
두부 1/2모(150g)
달걀흰자 1개
녹말가루 1큰술

양념

다진 파 1작은술
다진 마늘 1/2작은술
설탕 1/2작은술
깨소금 1/2작은술
후추 약간
참기름 1/2작은술

겨자장

연겨자 1/2큰술
꿀 1작은술
식초 1큰술
물 2큰술

연어두부선

◗ 두부와 연어를 충분히 곱게 으깨야 목 넘김이 부드러워요.

◗ 동글납작하게 빚어서 프라이팬에 익히는 것도 괜찮아요.

만드는 법

① 두부는 물기를 짜 곱게 으깨고, 연어 통조림은 체에 밭쳐 조미액을 제거하고 잘게 다진다.

② ①과 달걀흰자, 녹말가루를 넣고 치대어 반죽한 후, 양념을 모두 넣고 잘 섞어 납작하게 빚어 놓는다.

③ 김이 오른 찜통에서 5분 동안 찐 후, 한 김 나가면 한입 크기로 썰어 겨자장과 함께 곁들여 낸다.

2

돋보기 없는 세상, 달걀 & 두부요리 10가지

◗ 눈이 침침하고 피로가 쉽게 와요!

나이가 들면서 눈 수정체의 탄력성이 감소해 조절력을 잃게 되면 가까운 것을 보는 것이 힘들어져요. 눈에 피로가 오면 눈을 지압하거나 눈을 감고 잠시 쉬어 주세요.
또한 눈 건강에 좋은 음식 섭취는 필수입니다.
눈에 좋은 영양소가 많이 들어 있는 콩을 이용한 두부와 달걀을 기본 재료로 하고
여기에 어울리는 부재료를 넣은 요리를 만들어 보아요!

◗ 어떤 식재료의 어떤 성분이 좋은가요?

:: 달걀, 콩, 녹황색채소(호박, 시금치, 근대) 등 : 눈 건강의 대표적인 영양소인 루테인이 많아요. 루테인은 눈의 황반을 구성하는 시각색소예요. 나이가 들면서 황반 밀도가 낮아지므로 음식 섭취를 통해 밀도를 유지해 주어야 해요.

:: 아로니아, 검은콩, 자색고구마, 자색양파 등 : 안토시아닌이 많아 항산화 효과, 면역증진 효과와 더불어 시력회복 효과도 있어요.

:: 달걀, 콩, 당근, 브로콜리, 시금치, 호박 등 : 눈의 망막과 관계된 영양소인 비타민 A가 많아 백내장 예방 효과가 있어요.

:: 고등어, 청어, 견과류, 들기름 등 : 오메가-3 지방산이 많아 눈이 건조해지는 것, 염증이 생기는 것을 예방해 주어요.

매콤 참치 마 두부조림

재료

참치 통조림 1/2캔(100g)
두부 1/2모(150g)
마 80g
녹말가루 3큰술
올리브유 약간

조림 양념

간장 2작은술
설탕 1/2큰술
올리고당 1/2큰술
고춧가루 1작은술
맛술 1큰술
다진 파 1큰술
다진 마늘 1/2큰술
다진 양파 3큰술
물 1/2컵(100ml)

만드는 법

① 두부와 마는 2cm 크기의 주사위 모양으로 썰어 녹말가루를 입힌다.
② 참치 통조림은 체에 밭쳐 조미액을 제거한다.
③ 달군 팬에 올리브유를 두르고 두부와 마를 노릇하게 지진다.
④ 냄비에 조림 양념을 넣고 끓이다가 ②와 ③을 넣어 졸인다.

◗ 마의 점액질인 뮤신은 위를 보호해 주는 기능이 있어 매콤한 양념이 들어가는 음식의 부재료로 사용하면 좋아요.

재료

삶은 달걀 4개
당근 50g
양파 50g
물 1+1/2컵(300ml)
카레가루 50g
식용유 약간

삶은 달걀 카레

◗ 육류를 넣는 카레보다 삶은 달걀을 넣으면 훨씬 부드러운 맛을 즐길 수 있어요.

◗ 사과를 1/4개 정도 채 썰어 함께 넣어 주면 입맛을 돋울 수 있어요.

만드는 법

① 양파와 당근은 가늘게 채 썰어 달군 팬에 식용유를 두르고 볶는다.
② ①에 한입 크기로 썰어 놓은 삶은 달걀을 넣은 다음, 물을 붓고 끓인다.
③ 한소끔 끓으면 카레가루를 넣고 중불에서 저어 가며 좀 더 끓인다.
④ 면이나 밥과 곁들여 먹는다.

만드는 법

① 황기물은 물에 황기를 넣어 중불에서 서서히 끓이는데, 끓기 시작해서 5분간 더 끓여 만든다.
② 황기물, 달걀, 우유, 새우젓 국물을 잘 섞은 후 체에 내린다.
③ ②에 다진 당근과 다진 파를 넣고 찜용 그릇에 부은 후 김이 오른 찜통에서 15분 동안 찐다.

황기 우유 달걀찜

재료

달걀 2개
다진 당근 1큰술
다진 파(또는 부추) 1/2큰술
우유 1/2컵(100ml)
황기물 1/2컵(100ml)
새우젓 국물 1작은술

황기물

황기 3g
물 1컵(200ml)

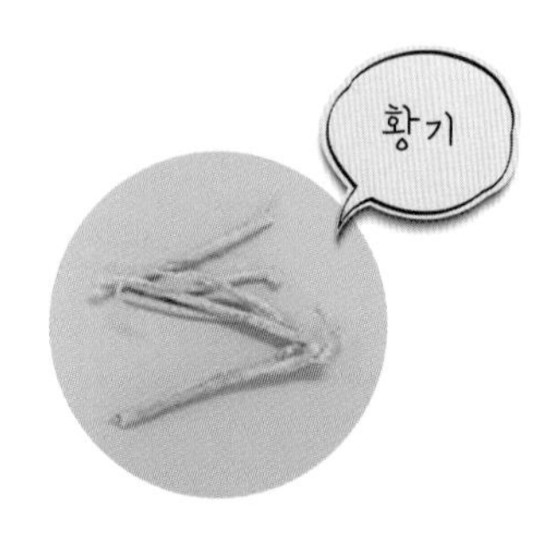

◗ 찜통 사용이 번거로우면 중탕으로 달걀찜을 해도 좋아요. (중탕은 끓는 물에 그릇이 반 정도 잠기게 한 후 15분 정도 두면 돼요.)

◗ 황기는 '기(氣)'를 높이는 작용을 하는데, 특별히 떫은 맛 등이 없으므로 요리 시 물 대신 황기물을 이용하면 좋아요.

재료

달걀 3개
토마토 1개
간장 1작은술
육수 4큰술
후추 약간
참기름 1큰술

만드는 법

① 토마토는 1cm×1cm×1cm 크기의 정육면체로 썬다.
② 달걀은 거품이 생기지 않도록 살살 풀어 준 후 토마토와 육수, 간장을 넣어 잘 섞는다.
③ 달군 팬에 참기름을 두르고 ②를 부어 나무젓가락으로 저어 가면서 볶는다.

토마토 달걀볶음

◗ 간단하고 빠르게 요리할 수 있으면서 영양적인 균형도 좋은 음식이에요.
◗ 방울토마토를 1/4등분 해서 사용해도 좋아요.

모둠과일 두부 스튜

재료

두부 1/2모(150g)
사과 1/2개
바나나 1/2개
토마토 1개
옥수수 통조림 1/4캔(50g)
물 1+1/2컵(300ml)
두반장 1큰술
굴 소스 2작은술
소금 약간
후추 약간
식용유 약간

만드는 법

① 모든 재료는 1cm×1cm×1cm 크기의 정육면체로 썬다.
② 달군 팬에 식용유를 두르고 ①의 두부가 으깨지지 않도록 살살 저으면서 볶은 후, 토마토와 바나나를 제외한 모든 재료를 넣어 중불에서 끓인다.
③ 사과가 충분히 무르면 토마토와 바나나를 넣고 조금 더 끓인 후 소금과 후추로 간한다.

◗ 찌개 형태인 두부 스튜에 각종 과일을 넣어 영양 균형을 맞추었고, 두반장을 넣어 과일의 단맛이 두드러지지 않게 한 음식이에요.
◗ 입에서의 부드러운 질감뿐만 아니라 목 넘김도 부드러워요.

재료

달걀 3개
각종 채소(호박, 당근, 양파) 30g
우유 2큰술
각종 치즈 30g
설탕 1작은술

만드는 법

① 각종 채소를 0.5cm×0.5cm×0.5cm 크기의 정육면체로 썬다.
② 채소에 달걀을 풀어 우유와 설탕을 넣고 잘 섞는다.
③ 달군 팬에 ②를 붓고 나무젓가락으로 저어 가면서 익힌 후, 잘게 썬 치즈를 얹는다.

◗ 채소는 씹을 수 있는 정도에 따라 종류 및 크기를 조절해서 조리하면 좋아요.
◗ 치즈가 녹으면서 더욱 부드러운 맛을 즐길 수 있어요.

모둠채소 검은콩두부 스테이크

재료

검은콩두부 1/2모(150g)
달걀노른자 1개
당근 1/3개
표고버섯 2개
피망 1/3개
양파 1/4개
간장 1작은술
밀가루 약간
소금 약간
후추 약간
식용유 약간

만드는 법

① 두부는 물기를 짜서 으깨고 각종 채소와 버섯은 잘게 다진 후 간장, 소금, 후추로 간한다.
② ①에 달걀노른자와 밀가루를 넣어 치대면서 반죽한다. (이때 밀가루 양은 반죽 정도를 보면서 조절한다.)
③ 1인 분량으로 둥글넓적하게 모양을 만들어, 달군 팬에 식용유를 두르고 앞뒤로 노릇하게 지진다.

◗ 검은콩의 안토시아닌은 항산화기능이 있으므로 두부 요리를 할 때는 이왕이면 검은콩두부를 사용하면 좋아요.

재료

게살 100g
달걀 3개
쪽파 1뿌리
생크림 1/4컵(50ml)
우유 1/4컵(50ml)
식용유 약간

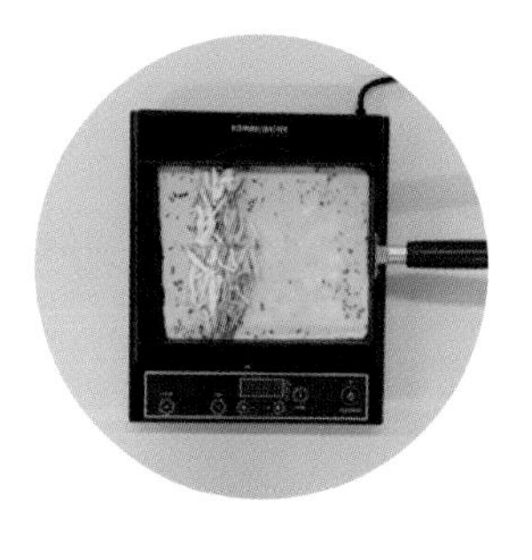

생크림 게살 달걀말이

◗ 달걀요리를 할 때 생크림이 나 우유를 넣으면 더욱 부드러운 질감을 느낄 수 있어요.

◗ 게살을 달걀말이의 가운데에 넣으면 더욱 부드러운 음식이 되고 영양적으로 보강효과도 있어요.

만드는 법

① 게살을 잘게 찢는다.
② 달걀에 생크림과 우유를 넣어 잘 푼 후, 송송 썬 쪽파를 넣고 섞는다.
③ 달군 팬에 식용유를 두르고 ②를 붓고 게살을 얹어,
돌돌 말아 주면서 익힌다.

재료

톳 80g
두부 1/2모(150g)
당근 50g
식용유 약간

조림 양념

간장 2큰술
설탕 1큰술
맛술 1큰술
육수 1+1/2컵(300ml)

만드는 법

① 두부는 잘게 으깬다.
② 톳은 깨끗이 씻어 물기를 제거하여 쫑쫑 썰고, 당근은 4~5cm 길이로 가늘게 채 썬다.
③ 달군 팬에 식용유를 두르고 톳과 당근을 볶다가, 으깬 두부와 조림 양념을 넣어 중불에서 졸인다.

◗ 톳은 철분 등의 무기질이 풍부하고 식이섬유소가 많은데, 아주 질긴 질감은 아니어서 요리에 다양하게 이용하면 좋아요.

재료

양배추 100g
양파 50g
베이컨 40g
삶은 달걀 1개
부침가루 1컵
달걀 1개+물 약간
데리야끼 소스 약간
마요네즈 약간
가쯔오부시 약간
식용유 약간

만드는 법

① 양배추와 양파는 가늘게 채 썰고, 베이컨과 삶은 달걀은 한입 크기로 썬다.
② 부침가루에 달걀과 물을 넣어 반죽한 후 ①을 넣어 잘 섞는다.
③ 달군 팬에 식용유를 두르고 ②를 0.5cm 두께로 올려 앞뒤로 노릇하게 지진다.
④ 데리야끼 소스와 마요네즈를 뿌리고, 가쯔오부시를 얹는다.

삶은 달걀 오꼬노미야끼

◗ 오꼬노미야끼는 일본식 부침 요리로 데리야끼 소스, 가쯔오부시 등을 얹어 먹는 특징이 있으나 기호 및 상황에 따라 소스를 조정할 수 있어요.
◗ 식이섬유소가 풍부한 양배추를 익혀 주고, 삶은 달걀을 넣어 더욱 부드러운 질감을 즐길 수 있어요.

3 피부노화 해결, 채소요리 10가지

◗ 피부가 푸석푸석하고 탄력이 없어져요!

나이가 들면 피하지방이 줄어들고 수분이 손실돼, 피부 건조증이 생기고 탄력이 급격히 떨어지면서 주름이 깊어지게 돼요. 특히 여성의 경우, 에스트로겐 분비가 감소되면서 콜라겐 생성이 저하되어 피부가 얇아지게 됩니다.
채소에는 항산화물질이 함유되어 있어 피부노화를 일으키는 활성산소의 생성을 막아 주어요. 특히 비타민 C는 콜라겐의 합성을 도와주고 피부를 환하게 만드는 미백효과가 있어요.
피부에 바르는 것보다 항산화물질을 음식으로 섭취하면, 몸 안의 활성산소를 제거함으로써 신체 전반에 걸친 노화를 조금씩 늦추어 줄 수 있어요.

◗ 어떤 식재료의 어떤 성분이 좋은가요?

:: 과일, 채소(특히 블루베리, 석류, 셀러리 등) : 활성산소 제거 능력이 탁월한 대표적 항산화물질인 폴리페놀이 풍부해요.

:: 블루베리, 적양배추 등 : 피부노화뿐만 아니라 눈과 뇌세포 노화를 늦춰 주는 성분인 안토시아닌이 풍부해요

:: 당근, 파슬리, 시금치 등 : 항산화작용을 하고 피부방어력에 좋은 베타카로틴이 많아 외부로부터 피부가 손상되는 것을 막아 주어요.

셀러리 무조림

재료

셀러리 2대
무 200g
건새우 10g
육수 1컵(200ml)

조림 양념

간장 1큰술
액젓 1/2큰술
설탕 1/2작은술
고춧가루 1작은술
다진 파 1/2큰술
다진 마늘 1작은술
참기름 1/2작은술

만드는 법

① 셀러리는 1cm 길이로 썰고, 무는 1.5cm×1.5cm 크기로 나박나박 하게 썬다.
② 건새우는 수염, 껍질 등 단단한 부위를 제거하여 손질한다.
③ 냄비에 참기름을 제외한 조림 양념과 육수를 넣고 셀러리, 무, 새우를 넣어 졸인다.
④ 국물이 자작하게 졸아들면 참기름을 넣는다.

◗ 셀러리에는 폴리페놀과 비타민 C가 많아 피부가 건조해지거나 노화되는 것을 막아 주어요.

재료

호박 1/2개, 연근 1/4개
홍피망 1/2개
통깨 약간, 들기름 1큰술

조림 양념

국간장 1큰술
올리고당 1큰술
후추 약간
새우가루 1작은술
삼백초물 1/4컵(50ml)

삼백초물

삼백초 5g
물 1+1/2컵(300ml)

만드는 법

① 삼백초물은 물에 삼백초를 넣고 20분 동안 끓여서 만든다.
② 연근은 은행잎 모양으로 굵게 썰어 끓는 물에 데치고,
호박과 홍피망도 연근과 비슷한 크기로 썬다.
③ 달군 팬에 들기름을 두르고 ②를 볶다가, 조림 양념을 넣고
졸인 후 통깨를 뿌린다.

◗ 채소볶음 요리를 할 때는 세 가지 이상의 어울리는 채소를 함께 사용하여 영양보강 효과를 생각해 주세요.

◗ 삼백초는 몸의 붓기를 내리고 소변을 잘 나오게 하며 노화방지에 효과가 있다고 알려져 있어요.

◗ 홍피망에는 비타민 C와 비타민 B_6가 풍부해서 혈액순환을 원활하게 하여 피부의 젊음을 유지하는 데 도움을 주어요.

만드는 법

① 냄비에 마늘과 우유, 조림 양념을 넣고 끓인다.
② 잣은 달군 팬에 노릇하게 볶는다.
③ ①이 끓어오르면 약불로 줄여 국물이 거의 없어질 때까지 졸인 후 볶은 잣을 섞는다.

재료

잣 50g
마늘 200g
우유 1/3컵(67ml)

조림 양념

설탕 1/2큰술
꿀 2큰술
고추장 1작은술
맛술 1큰술

마늘 잣 우유조림

◗ 마늘은 살균 작용, 면역력 강화, 혈당 저하 등의 기능이 있어요. 강한 맛이 부담스러우면 익혀 먹는 것도 좋아요. 조림 등을 할 때는 우유를 넣으면 위를 보호해 주니까 좋아요.

재료

새송이버섯 50g
양송이버섯 50g
표고버섯 50g
느타리버섯 50g
홍고추 1/2개
청양고추 1/2개
풋고추 1개
대파 1/2뿌리
소금 약간
통깨 약간
참기름 약간

조림 양념

간장 1큰술
액젓 1작은술
올리고당 1작은술
맛술 1큰술

모둠버섯 매콤조림

◗ 고추장이나 고춧가루를 넣지 않고 신선한 청양고추만으로 매콤하고 칼칼한 맛을 냈어요.

◗ 고추에는 각종 비타민과 베타카로틴 성분이 함유되어 있어 피부 노화방지에 도움을 주어 주름이나 기미 등이 생기는 것을 억제해 주어요.

만드는 법

① 각종 버섯은 소금물에 데쳐서, 한입 크기로 썰거나 찢는다.
② ①에 조림 양념과 홍고추, 청양고추, 어슷하게 썬 대파를 넣고 국물이 거의 없어질 때까지 졸인 후 통깨와 참기름을 뿌린다.

북어가루 토핑 우엉조림

재료

우엉 140g
당근 1개
마늘 6쪽
식초 약간
북어가루 2큰술
소금 약간
참기름 2큰술

조림 양념

간장 1+1/2큰술
올리고당 1+1/2큰술
물 2큰술

◗ 단백질이 들어 있는 북어가루를 토핑하여 영양성분을 보강한 요리예요.
◗ 우엉의 탄닌 성분은 염증치료 효과가 높아요. 그래서 피부의 노화방지 및 소염작용으로 피부질환 완화에 도움을 주어요.

만드는 법

① 우엉과 당근은 껍질을 벗겨 어슷하게 썬 후, 식초와 소금을 넣은 물에 삶는다.
② 냄비에 ①과 편으로 썬 마늘, 조림 양념을 넣고 졸인다.
③ 국물이 거의 없어지면 북어가루와 참기름을 뿌린다.

시금치 두부볶음

재료

두부 1/4모(75g)
시금치 1/2단(100g)
국간장 1작은술
소금 약간
다진 마늘 1/2큰술
통깨 약간
참기름 1큰술
식용유 2큰술

만드는 법

① 시금치는 손질하여 끓는 물에 데친 후 물기를 짜고 길지 않게 자른다.

② 두부도 끓는 물에 데친 후 면보로 물기를 짠다.

③ 달군 팬에 식용유를 두르고 다진 마늘을 볶은 후 시금치와 두부를 넣고 볶다가, 국간장과 소금으로 간을 하고 통깨와 참기름을 뿌린다.

◗ 시금치에는 비타민 A, 비타민 C, 엽산이 풍부하고 항산화작용을 하는 베타카로틴이 많이 있어요.

모둠 뿌리채소조림

재료

연근 100g
당근 80g
마 100g
잔멸치 20g
물 1컵(200ml)
소금 약간

조림 양념

간장 2큰술
올리고당 3큰술
다진 마늘 약간
생강즙 약간

만드는 법

① 연근, 당근, 마는 껍질을 벗겨 2cm×2cm×2cm 크기 정도로 썰어 소금물에 데친다.
② 냄비에 연근과 당근, 물, 조림 양념을 넣어 졸인다.
③ 국물이 반 정도 줄면, 마와 잔멸치를 넣고 국물이 거의 없어질 때까지 졸인다.

◗ 마에 들어 있는 알라토닌과 뮤신은 피부 보습과 진정 효과가 있어요.

재료

가지 1개, 쇠고기 채 80g
표고버섯 1개, 소금 약간
식용유 약간

쇠고기와 표고버섯 양념

진간장 1큰술, 설탕 1작은술
다진 파 2작은술
다진 마늘 1작은술, 후추 약간

조림용 백복령물

물 1/2컵(100ml), 백복령 2g
진간장 1큰술
설탕 1/2큰술, 참기름 1작은술

◗ 가지에는 항산화 역할을 하는 안토시아닌이 풍부해서 체내 활성산소를 제거해 주어 노화를 방지하고 피부를 탄력 있게 해주어요.

◗ 백복령은 전신무력감, 식욕부진 등이 있을 때 '기'를 보강해 주는 작용이 있어요.

◗ 백복령은 미리 물에 끓여서 충분히 우러나게 해서 사용하면 좋지만, 얇게 저며져 있는 상태이므로 조림할 때 그대로 넣어도 괜찮아요.

만드는 법

① 가지는 반으로 갈라 5cm 길이로 자른 후, 껍질 쪽에 어슷하게 칼집을 2줄 넣어 5분 동안 소금에 절인다.
② 쇠고기 채와 채 썬 표고버섯을 함께 양념한 후, 식용유 두른 팬에서 볶는다.
③ 소금에 절인 가지의 물기를 제거하고 칼집 사이에 ②를 끼워 넣는다.
④ 냄비에 ③을 나란히 넣고 조림용 백복령물을 부어 잠깐 끓인다.

쇠고기 가지선

실곤약 차전자 냉채무침

재료

차전자 1작은술
실곤약 150g
무 60g
오이 40g
방울토마토 3개

무침 양념

간장 1큰술
설탕 1/2큰술
와사비 1/4작은술
식초 1큰술
맛술 1/2작은술
다진 파 1작은술
소금 약간

만드는 법

① 차전자는 뜨거운 물에 불린 후, 체에 밭쳐 물기를 제거한다.
② 실곤약은 끓는 물에 데치고, 무는 굵게 채 썰어 소금에 절인다.
③ 오이는 굵게 채 썰고, 방울토마토는 1/4 크기로 자른다.
④ ①, ②, ③에 무침 양념을 넣고 섞는다.

◗ 차전자는 수분을 배설시켜 붓기를 내려 주기도 하고, 식이섬유가 풍부하여 변비에도 좋아요.

◗ 초절임무를 채 썰어 사용하면 무를 절이고 양념하는 과정 없이 바로 조리할 수 있어서 간편해요.

재료

당면 70g
구기자 1큰술
쇠고기 채 60g
우엉 70g
피망 1/2개
양파 1/4개
느타리버섯 60g
통깨 약간
식용유 약간

볶음 양념

간장 1큰술
국간장 1큰술
설탕 2작은술
청주 1/2큰술
다진 파 2작은술
다진 마늘 1작은술
참기름 1/2큰술

구기자 우엉잡채

만드는 법

① 당면은 불렸다가 10cm 길이로 잘라 데쳐 놓고, 구기자는 물에 불려 건져 놓는다.
② 쇠고기 채는 볶음 양념의 절반을 넣어 재워 두고, 우엉은 껍질을 벗겨 5cm 길이로 가늘게 채 썰어 소금물에 데친다.
③ 피망과 양파는 채 썰고, 느타리버섯은 결대로 찢어 데친다.
④ 달군 팬에 식용유를 두르고 쇠고기를 넣고 볶다가, 나머지 재료와 볶음 양념을 넣어 볶은 후 통깨를 뿌린다.

◗ 섬유소가 풍부한 우엉과 간을 보호하여 눈을 맑게 해 주는 구기자를 넣어 준 요리예요.

4

면역력 쑥쑥, 국물요리 10가지

◗ 면역력이 떨어져 감기가 자주 들어요!

나이가 들면서 환경 적응력이 떨어짐에 따라 체온 변화가 쉽게 일어날 수 있어요. 체온이 떨어지면 면역력도 함께 저하되어 감기 등에 잘 걸리게 돼요. 신체활동, 적절한 휴식 그리고 충분한 영양 섭취 등으로 면역력을 키울 수 있어요. 일반적으로 국물요리는 면역력을 높일 수 있는 여러 가지 식재료를 다양하게 사용할 수 있어요.

◗ 어떤 식재료의 어떤 성분이 좋은가요?

:: 쇠고기나 돼지고기(동물성 단백질), 콩 등(식물성 단백질) : 외부 병원균인 항원과 맞서 싸우는 항체의 주성분인 단백질이 함유된 식품으로, 면역을 강화시키기 위해서는 많이 섭취하는 것이 반드시 필요해요.

:: 당근, 신선초, 호박 등 : 비타민 A가 풍부한 식품으로 면역력 강화에 좋아요. 비타민 A가 부족하면 감염성 질환에 잘 걸려요.

:: 콩류, 우유, 간, 녹황색채소 등 : 비타민 B가 많은 식품으로 체내 에너지 대사를 원활하게 하여 면역기능을 강화시켜 주어요.

:: 마늘에는 알리신이라는 성분이 있는데, 이 성분은 비타민 B의 흡수를 돕는다고 알려져 있어요.

:: 귤 같은 과일, 콩나물, 무, 도라지 등 : 비타민 C가 많아 바이러스 및 유해 세균으로부터 몸을 보호해 주고 면역기능을 높여 주며 피로회복에도 좋아요.

:: 굴이나 게 등 갑각류 : 셀레늄을 함유하고 있는 식품으로 면역체계에서 큰 역할을 하는 백혈구의 생성을 도와주어요.

:: 보리, 메밀 등의 곡류와 버섯 : 베타글루칸을 함유하고 있는 식품으로 항체를 활성화시켜 면역력을 높여 주는 기능이 있어요.

:: 홍차, 녹차 : 아미노산인 L-테아닌(L-theanine)을 함유하고 있어 면역력을 높여 주는 식품으로 알려져 있어요.

:: 요구르트 : 유산균이 풍부해 장운동을 촉진시켜 주기도 하고, 최근 연구에 의하면 면역력을 강화시켜 주는 것으로 알려지고 있어요.
(스웨덴에서 실험 결과, 유산균을 먹은 그룹의 질병 결근율이 33% 줄었다고 해요.)

잣육수 닭고기 냉국

만드는 법

① 닭가슴살은 끓는 물에 삶아서 결대로 찢어 양념하고,
삶은 물은 기름을 걷어내고 닭 육수로 사용한다.
② 잣은 물과 함께 블렌더로 곱게 갈아 소금과 후추로 간을
한 후 닭 육수와 섞는다.
③ 오이와 배는 굵게 채 썬다.
④ 그릇에 모든 재료를 담고 ②를 붓는다.

재료

닭가슴살 1쪽(120g)
잣 3큰술
오이 1/4개
배 1/4개
닭 육수 2컵(400ml)
물 1/2컵(100ml)
소금 약간
후추 약간

닭고기 양념

국간장 1작은술
다진 파 1작은술
다진 마늘 1/2작은술

◗ 익혀서 판매하는 닭가슴살을 사용하면 간편해요.
◗ 소면을 삶아 함께 말아 주면 영양만점 한그릇 음식으로도 먹을 수 있어요.

재료

북어채 10g
콩나물 80g
홍고추 1/4개
풋고추 1/2개
육수 3컵(600ml)
소금 1작은술

국물용 백복령육수

백복령 3조각
국물멸치 10마리
다시마(5cm) 1장
청주 1/2큰술
건고추 1/2개
대파 1뿌리
마늘 2쪽
생강 5g
물 3컵(600ml)

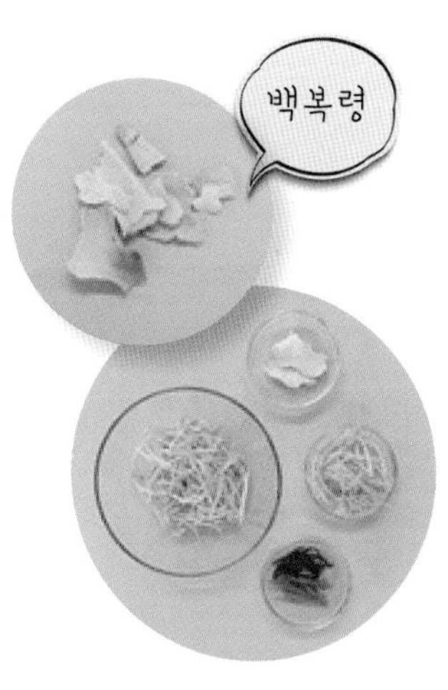

◗ 육수용 멸치를 전자레인지에서 잠깐 구워서 사용하면 비린 맛을 없앨 수 있어요.

만드는 법

① 국물용 백복령육수는 다시마를 제외한 모든 재료를 넣고 10분 정도 끓이다가 다시마를 넣고 한소끔 끓인다. 충분히 끓으면 백복령을 건진다.
② 콩나물은 손질하여 씻어서 건져 놓고, 북어채는 가늘게 찢는다.
③ 육수에 콩나물과 북어채를 넣고 중불에서 끓인 후, 소금으로 간하고 채 썬 홍고추와 풋고추를 얹는다.

백복령 북엇국

꽁치 얼갈이탕

재료

꽁치 통조림 1캔(200g)
양파 1/4개
얼갈이배추 200g
육수 3컵(600ml)
액젓 1/2큰술
고춧가루 1/2큰술
후추 약간
홍고추 1/2개
청고추 1개
대파 1/2뿌리

얼갈이배추 양념

된장 1작은술
고추장 1작은술
다진 마늘 1작은술

만드는 법

① 꽁치 통조림은 블렌더로 갈아 놓고 양파는 굵게 채 썬다.
② 얼갈이배추는 소금물에 데친 후 송송 썰어 된장, 고추장, 다진 마늘을 넣고 버무린다.
③ 육수에 ①과 ②를 넣고 끓으면 액젓, 고춧가루, 후추를 넣고 걸쭉한 농도가 되게 끓인다.
④ 채 썬 홍고추, 청고추, 대파를 넣고 중불에서 한소끔 더 끓인다.

◗ 계절에 따라 방아잎이나 초피가루를 넣어 주어도 좋아요.

재료

미역 8g
떡볶이 떡 20g
거피 들깨가루 1/4컵(24g)
육수 3컵(600ml)
국간장 1/2큰술
다진 마늘 1작은술
소금 약간
들기름 1작은술

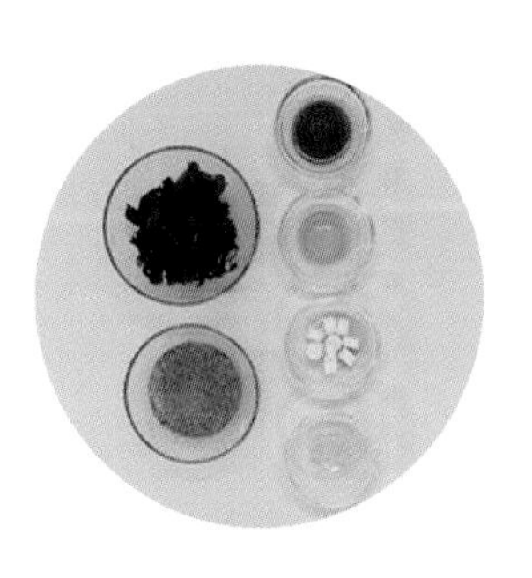

만드는 법

① 미역은 물에 불려서 물기를 짠 후 송송 썰고, 떡볶이 떡은 1cm 길이로 썬다.
② 육수 한 국자를 덜어 들깨가루에 개어 놓는다.
③ 냄비에 들기름을 두르고 마늘을 볶다가 미역과 육수를 붓고 끓인다.
④ 끓어오르면 떡볶이 떡을 넣고 국간장과 소금으로 간을 한 후, 개어 놓은 들깨가루를 넣고 한소끔 더 끓인다.

들깨 미역국

◗ 떡볶이 떡을 송송 썰어 넣으면 새알심처럼 이용할 수 있어요.
◗ 떡볶이 떡 대신 조랭이떡을 넣어도 좋아요.

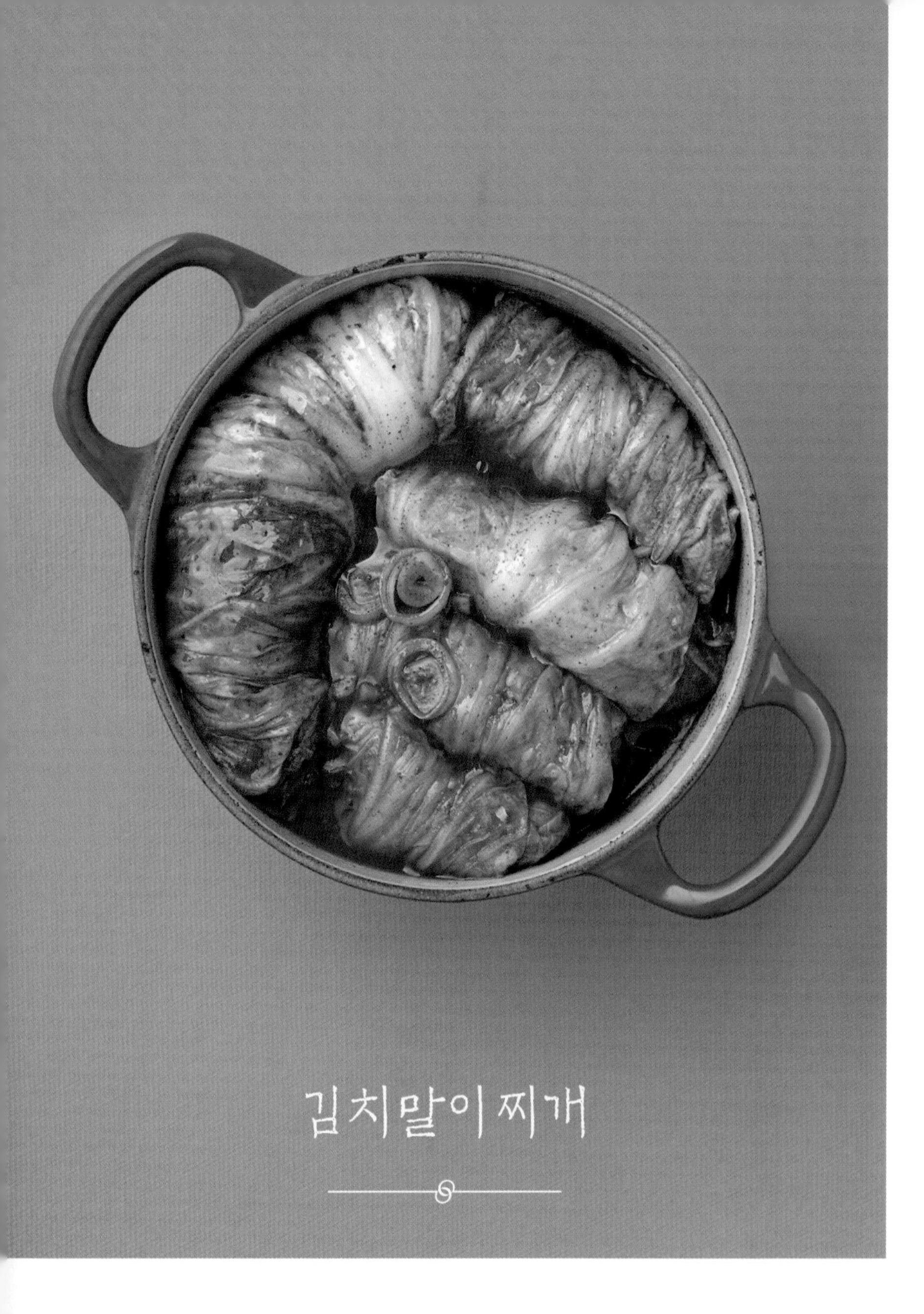

김치말이찌개

재료

배추김치 200g
다진 돼지고기 80g
대파 1/2뿌리
다시마육수 2컵(400ml)

육수 양념

국간장 1/2큰술
설탕 1/2작은술
고추장 1큰술
다진 마늘 1작은술

돼지고기 양념

설탕 1/2작은술
다진 양파 1큰술
다진 파 1작은술
소금 1/3작은술
후추 약간

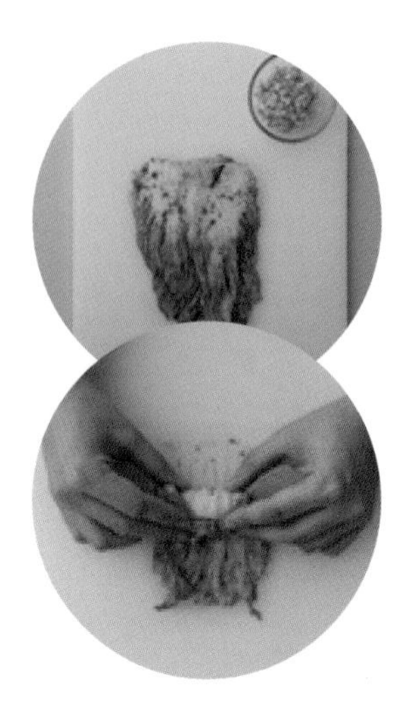

만드는 법

① 배추김치는 시지 않은 것으로 준비하여 속은 털어내고 김치말이에 이용할 큰 잎을 따로 떼어 놓는다.
② 작은 김치 잎은 다져서 물기를 꼭 짠다.
③ 김치 다진 것, 다진 돼지고기, 양념을 잘 섞은 후 5cm 길이의 가래떡 모양으로 빚는다.
④ 큰 김치잎을 펴서 ③을 얹어 돌돌 말아 감싼 후 냄비에 담는다.
⑤ 육수 양념을 육수에 풀어 ④에 붓고 중불에서 끓인 후, 어슷하게 썬 대파를 얹는다.

◗ 자주 끓여 먹는 김치찌개지만 말이 형태로 하면 전골처럼 즐길 수 있어요.

재료

감자 1개(200g)
밀가루 60g
달걀노른자 1개
파르메산 치즈 가루 10g
후추 약간
홍고추 1/3개
청고추 1/2개
대파 1/3개
국간장 1큰술
소금 약간
다시마육수 3컵(600ml)

◗ '뇨끼'란 우리나라의 수제비와 비슷한 이탈리아 요리인데 주로 감자를 재료로 사용하고 다양한 소스를 얹어 먹어요. 이탈리아 감자 뇨끼의 레시피로 만들면서 우리 음식의 국물 맛으로 소스를 만들어 주었어요.

◗ 반죽에 사용하고 남은 달걀흰자는 끓인 수제비에 줄알쳐 넣어 주어도 좋아요.

만드는 법

① 감자는 삶아서 껍질을 벗겨 으깬 후 밀가루, 달걀노른자, 파르메산 치즈 가루, 후추를 넣고 반죽한다.
② 다시마육수를 넣고 끓으면 ①을 손가락 한마디 크기로 수제비처럼 뚝뚝 떼어 넣는다.
③ 한소끔 끓어 뇨끼 수제비가 떠오르면, 어슷하게 썬 청, 홍고추와 대파를 넣는다.
④ 국간장과 소금으로 간한다.

감자 뇨끼 수제비

게맛살 굴린 만둣국

재료

게맛살 80g
두부 1/4모(75g)
부추 20g
달걀 물 2큰술
생강즙 1/2작은술
소금 약간
깨소금 1작은술
참기름 1/2작은술
녹말가루 3큰술
밀가루 3큰술
육수 2컵(400ml)

육수 양념

국간장 1/2작은술
소금 약간
후추 약간

만드는 법

① 게맛살은 잘게 다지고, 두부는 으깨서 물기를 짜고, 부추는 송송 썬다.
② ①에 달걀 물, 생강즙, 소금, 깨소금, 참기름을 넣고 잘 섞어 소를 만들어 3cm 크기의 완자로 빚는다.
③ 녹말가루와 밀가루를 섞어 접시에 펼쳐 놓은 후 ②를 굴리는데, 이 과정을 2~3회 반복한다.
④ 김이 오른 찜통에서 ③을 넣어 10분 동안 찐 후, 그릇에 담아 양념하여 끓인 육수를 붓는다.

▶ 만두피를 사용하지 않고 전분과 밀가루에 굴려 빚어서 만들기도 간편하고 질감도 부드러워요.

재료

유부 4개
모둠버섯(느타리버섯, 표고버섯, 양송이버섯, 새송이버섯, 팽이버섯 등) 100g
홍고추 1개
청고추 1개
대파 1/2뿌리
육수 3컵(600ml)
소금 약간
후추 약간

육수 양념

국간장 1큰술
다진 마늘 1작은술
고추장 1작은술
고춧가루 1/2큰술
맛술 1작은술

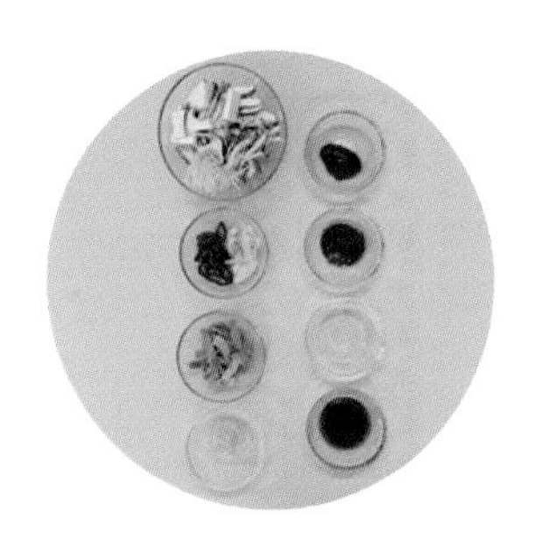

유부 모둠버섯 얼큰탕

▶ 데친 칼국수를 넣어 끓여 주면 영양만점 한그릇 음식으로도 먹을 수 있어요.
▶ 미나리나 쑥갓 같은 향채를 넣어 주어도 좋아요.

만드는 법

① 모둠버섯은 한입 크기로 썰고, 유부는 데친 후 물기를 짜서 1cm 넓이로 길게 썬다.
② 대파와 홍고추, 청고추는 채 썬다.
③ 냄비에 육수와 양념을 넣고 끓이다가 모둠버섯과 유부를 넣고 한소끔 더 끓인 후, 대파와 채 친 홍, 청고추를 넣고 소금과 후추로 간한다.

미나리 굴 냉국

재료

굴 70g
미나리 2줄기
구운 김 1/4장
소금 약간

냉국

국간장 1/2큰술
설탕 1큰술
레몬식초 5큰술
물 1+1/2컵(300ml)

만드는 법

① 굴은 소금물에 씻은 후 체에 밭쳐 물기를 빼고 끓는 물에 데친다.
② 미나리는 흐르는 물에 씻어 데친 후 송송 썬다.
③ 분량의 물에 국간장, 레몬식초, 설탕을 넣어 새콤한 냉국을 만들고 굴과 미나리를 넣는다.

◗ 간단한 재료를 이용한 새콤한 냉국으로 입맛을 돋울 수 있는 음식이에요.

재료

무 100g
두부 60g
애호박 50g
청국장 30g
된장 1작은술
다진 마늘 1작은술
홍고추 1/2개
대파 1/2뿌리
육수 2컵(400ml)

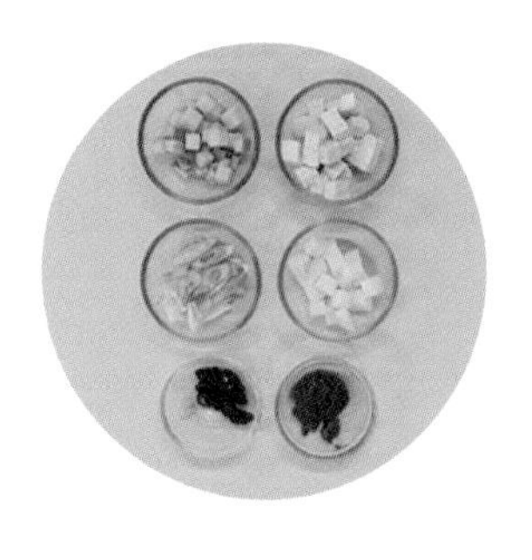

무 청국장국

◗ 진하게 끓인 청국장찌개가 아니라, 된장과 청국장을 함께 풀어 준 가벼운 국 형태의 음식이에요.

◗ 무는 쏘는 듯한 칼칼한 맛 성분을 가지고 있어 청국장의 발효취를 완화해 줄 수 있는 식재료예요.

만드는 법

① 무, 두부, 애호박은 1cm×1cm×1cm 크기의 정육면체로 썬다.

② 냄비에 육수를 넣고 끓으면 청국장과 된장을 풀고 ①과 다진 마늘을 넣고 끓인다.

③ 홍고추와 대파를 어슷하게 썰어 넣은 후 한소끔 더 끓인다.

5

기력회복, 한그릇 밥 10가지

◗ 기력이 떨어졌어요!

나이가 들면 체내 대사과정이 원활하지 못할 뿐만 아니라 더디게 진행되고,
근육 양은 감소하여 걷기와 같은 활동을 할 때 쉽게 피로해져요. 또한 멜라토닌의 분비가
감소되어 수면의 질이 떨어짐에 따라, 피로가 쉽게 와서 기력이 떨어지게 되어요.
이렇게 기력이 떨어지면 무력감이 생기고 나른한 느낌이 지속되며 병에 대한
저항력 등이 떨어져 다른 질병으로 이어질 수도 있어요.

◗ 어떤 음식을 어떻게 조리하면 좋은가요?

면역력을 높여 주는 각종 영양소 성분(국물요리 참조), 입맛을 돋게 하는 성분(국수요리 참조),
근력회복을 돕는 성분(고기요리 참조) 등에서 소개되는 어떤 식재료라도
궁합을 맞추어 맛있게 먹으면 좋아요.
그래서 여기서 소개하는 한그릇 밥 요리는 밥 재료의 영양학적 궁합뿐만 아니라
양념장에 들어가는 재료까지 궁합을 맞추었어요. 뿐만 아니라 세계 각국의
대표적인 밥요리(리조또 : 이태리, 잠발라야 : 미국, 필라프 : 중동지방)를 우리 재료와
우리 입맛에 맞추어 만들어 먹을 수 있도록 하였어요.

해산물 고구마밥 & 영양부추 양념장

재료

쌀 1컵(180g)
냉동 모둠 해산물 120g
고구마 1개, 물 1컵(200ml)

영양부추 양념장

다진 영양부추 20g
간장 2큰술, 매실청 1/2큰술
고춧가루 1/2큰술
통깨 1/2작은술
참기름 1작은술

만드는 법

① 냉동 모둠 해산물은 끓는 물에 데친다.
② 고구마는 1cm×1cm×1cm 크기의 정육면체로 썬다.
③ 고구마와 불린 쌀, 물을 넣어 밥을 짓다가 불을 줄여 모둠 해산물을 넣고 뜸을 들인다.
④ 영양부추 양념장을 곁들여 낸다.

◗ 해산물을 데칠 때는 청주 한 스푼을 넣으면 좋아요.
◗ 고구마 대신 너무 질기지 않은 뿌리채소(예를 들면 연근)를 넣어도 좋아요.
◗ 양념장의 주재료인 부추는 항산화기능을 가지는 영양성분이 풍부하여 노화를 방지해 주어요. 또한 부추의 알리신은 비타민 B의 흡수를 도와주어요. 특히 해산물의 비린맛을 없애 주고 해산물의 쫄깃함과 부추의 신선한 아삭함이 잘 어우러지는 맛을 내요.

재료

밥 2공기, 연근 100g
브로콜리 100g, 양파 1개
육수 3컵(600ml)
카레가루 50g, 물 1/2컵(100ml)

만드는 법

① 연근은 납작한 은행잎 모양으로 썰고, 브로콜리는 작은 송이로 자르고, 양파도 크지 않게 썬다.
② 육수에 브로콜리와 양파를 넣고 뭉그러질 때까지 끓인 후, 연근을 넣고 한소끔 더 끓인다.
③ 카레가루를 물에 개어 ②에 넣고 조금 더 끓인 후, 밥에 얹는다.

연근 브로콜리 카레덮밥

◗ 브로콜리에는 설포라판과 인돌이라는 항암 성분이 있어요. 칼륨, 엽산도 풍부하고 식이섬유도 많으니 다양하게 이용하면 좋아요.

◗ 연근의 점액 성분인 뮤신은 위의 점막을 보호해 주고 각종 비타민과 식이섬유도 많이 들어 있어요.

◗ 카레를 즐겨 먹는 인도는 알츠하이머 발병률이 매우 낮은 것으로 보고되고 있어요. 특히 강황에 들어 있는 커큐민(curcumin) 성분은 강력한 항산화물질로 세포의 산화 방지, 염증 감소, 치매 예방 등의 효과가 있어요.

연한 잎채소 두부비빔밥 & 약고추장

재료

밥 2공기
두부 1/2모(150g)
연한 잎채소 50g
소금 약간
식초 약간

약고추장

고추장 2큰술
꿀 1큰술
참기름 1큰술
물 1큰술
다진 잣 1큰술

만드는 법

① 두부는 1cm×1cm×1cm 크기의 정육면체로 썰어 소금물에 데친다.
② 연한 잎채소는 식초를 2~3방울 떨어뜨린 물에 씻어 건져 놓는다.
③ 약고추장은 분량의 모든 재료를 섞어 한소끔 끓여 만든다.
④ 밥에 ①과 ②를 얹고, ③을 곁들여 낸다.

◗ 약고추장은 다진 쇠고기를 넣어도 좋고, 잣 대신 각종 견과류를 다져서 넣어도 좋아요.

◗ 연한 잎채소에는 비타민이 풍부하고 섬유소가 질기지 않아 날것으로 사용해도 좋아요. 특히 두부의 단백질과 약고추장을 곁들여 주어 영양보강과 입맛 돋우기가 가능한 음식이에요.

재료

밥 2공기
닭가슴살 1쪽(120g)
말린 표고버섯 2개
실파 1뿌리, 달걀 3개
육수 1컵(200ml)
간장 2큰술, 청주 1큰술
설탕 1/2큰술

닭가슴살 표고버섯덮밥

◗ 달걀이 들어가는 덮밥을 만들 때는 달걀을 넣은 다음, 젓지 말고 뚜껑을 덮어 잠시 익혀 내야 부드러운 상태가 되어요.

◗ 지방이 적어 담백한 닭가슴살과 독특한 향과 맛을 주는 구아닐산, 글루탐산이 들어 있는 표고버섯을 함께 조리하면 서로 맛을 보강해 주는 효과가 있어요.

만드는 법

① 닭가슴살은 굵게 다지고, 말린 표고버섯은 물에 불려 가늘게 채 썰고, 실파는 송송 썬다.
② 냄비에 육수, 간장, 청주, 설탕을 넣고 끓기 시작하면 닭가슴살과 표고버섯을 넣어 중불에서 익힌다.
③ 풀어 놓은 달걀을 ②의 윗부분에 조심스럽게 부은 후, 실파를 올리고 뚜껑을 덮어 잠시 익혀 밥에 얹는다.

비엔나소시지 잠발라야

재료

쌀 1컵(180g)
비엔나소시지 80g
냉동 새우 50g
양파 1/4개
셀러리 1/2대
다진 마늘 1작은술
토마토소스 1/2컵(100ml)
육수 1컵(200ml)
식용유 약간

만드는 법

① 소시지와 새우는 끓는 물에 데친 후 굵게 썬다.
② 양파와 셀러리는 굵게 다진다.
③ 달군 팬에 식용유를 두르고 다진 마늘, 양파, 셀러리를 볶다가 불린 쌀, 토마토소스, 육수를 넣고 밥을 짓는다.
④ 소시지와 새우를 넣고 불을 줄여 뜸을 들인다.

◗ 잠발라야는 쌀, 고기, 해산물, 채소 등을 넣어 지은 미국 남부 지방의 밥이에요. 다양한 재료를 사용하기 때문에 영양학적으로 균형을 갖추었다고 할 수 있어요.

재료

쌀 1+1/2컵(270g)
무 100g
게맛살 60g
육수 1/2컵(100ml)
소금 약간

들깨 양념장

국간장 1/2큰술
맛술 1큰술
다진 파 1큰술
다진 마늘 약간
들깨가루 1큰술
들기름 1큰술

게맛살 무밥 & 들깨 양념장

- 무에 있는 디아스타제와 아밀라제는 위액 분비를 촉진하여 소화가 잘되게 해주어요.
- 양념장에 들어가는 들깨는 불포화지방산인 리놀렌산이 풍부하여 콜레스테롤 수치를 낮추어 주고, 감마토코페롤은 항산화작용을 해서 피부노화 방지 등에 효과가 있어요.

만드는 법

① 무는 굵게 채 썰어 소금으로 간한 후 물기를 제거한다.
② 불린 쌀 위에 무를 얹은 후 육수를 넣고 밥을 짓는다.
③ 불을 줄여 결대로 찢은 게맛살을 넣고 뜸 들인 후 들깨 양념장을 곁들여 낸다.

김치 치즈 필라프

재료

쌀 1컵(180g)
돼지고기(안심) 50g
배추김치 100g
양파 1/4개
육수 1컵(200ml)
모차렐라 치즈 70g
식용유 약간

돼지고기 양념

간장 1큰술
설탕 1작은술
다진 마늘 약간
후추 약간
참기름 1작은술

◗ 필라프는 재료를 볶다가 쌀을 넣고 밥을 짓는 중동식 밥 요리인데, 우리 음식에서 좋은 궁합으로 알려져 있는 김치와 돼지고기를 사용하여 단순한 볶음밥 형태가 아닌 짓는 밥을 만들었어요.

◗ 치즈를 얹은 후 오븐에서 구우면 치즈가 갈색을 띠어 더 맛있어 보여요.

◗ 파슬리 가루를 얹어 주면 신선한 맛을 더할 수 있어요.

만드는 법

① 돼지고기는 잘게 썰어 양념한다.
② 김치는 물기를 짜서 잘게 다지고, 양파도 잘게 다진다.
③ 달군 팬에 식용유를 두르고 양파와 돼지고기를 볶다가 김치를 넣고 볶는다.
④ 불린 쌀에 ③을 넣고 육수를 부어 밥을 지은 후, 모차렐라 치즈를 얹어 치즈가 녹을 때까지 전자레인지에서 가열한다.

재료

밥 2공기
마늘 5쪽
냉동 새우 100g
달걀 2개
다진 파 1큰술
간장 2큰술
깨소금 1/2큰술

만드는 법

① 마늘은 얇게 편으로 썰어 자작하게 식용유를 넣고 튀긴다.
② 새우는 끓는 물에 데친 후 굵게 다진다.
③ 달걀은 잘 풀어 달군 팬에 부어 나무젓가락으로 저어 가면서 익힌다.
④ 달군 팬에 식용유를 두르고 밥, 다진 파, 간장, 깨소금을 넣고 볶는다.
⑤ ④에 ②와 ③을 넣고 잘 섞은 후 마늘을 얹어 준다.

마늘 토핑 달걀 새우볶음밥

◗ 밥을 볶을 때 마늘을 튀기고 난 기름을 사용하면 밥 전체에서 마늘향이 나서 좋아요.
◗ 마늘을 식용유에 튀겨 음식에 토핑해 주면 매운 맛은 제거되면서 쫀득하게 씹히는 식감이 되기 때문에 좋아요.

깻잎 꼬막비빔밥 & 미소된장 양념장

재료

밥 2공기
꼬막 통조림 1캔
(조미액 제거 후 120g)
깻잎 10장
양파 1/4개

미소된장 양념장

미소된장 2큰술
올리고당 1/2큰술
깨소금 2작은술
다진 견과류 1큰술
참기름 1큰술

◗ 미소된장은 브랜드에 따라 짠 정도가 다르니 양을 조절하세요.

◗ 깻잎은 칼륨, 칼슘, 철분 등의 무기질이 많이 들어 있어요. 꼬막은 다른 조개류에 비해 단백질 함유량이 풍부하고 특히 피로회복과 눈 건강에 좋다고 알려진 타우린 함량이 높아요.

만드는 법

① 꼬막 통조림은 조미액을 제거하여 굵게 다진다.
② 깻잎과 양파는 얇게 채 썰어 물에 담갔다가 체에 밭쳐 놓는다.
③ 그릇에 밥을 담아 꼬막, 깻잎, 양파를 얹고
미소된장 양념장을 곁들여 낸다.

재료

찰수수 150g
호박 1/4개
당근 1/4개
양파 1/4개
화이트 와인 3큰술
육수 1/2컵(100ml)
파르메산 치즈 가루 1큰술
소금 약간
후추 약간
파슬리 가루 약간
식용유 약간

◗ 리조또는 쌀과 채소 향신료, 고기 해산물을 넣어 만든 이태리의 밥요리예요.

◗ 수수는 철, 인이 풍부하고 수용성 식이섬유소가 풍부해 콜레스테롤 수치를 떨어뜨려 주어요.

◗ 수수밥을 준비하기 어려우면 흰밥이나 잡곡밥 등에 응용해도 좋아요.

만드는 법

① 찰수수는 물에 불려 수수밥을 짓는다.
② 호박, 당근, 양파는 굵게 다져서 볶는다.
③ 달군 팬에 식용유를 두르고 지어 놓은 수수밥과 ②를 넣고 볶다가, 육수와 화이트 와인을 넣고 끓인다.
④ 걸쭉해지면 파르메산 치즈 가루를 넣고 소금과 후추로 간한 후, 파슬리 가루를 뿌린다.

채소 듬뿍 수수밥 리조또

6

소화만점!
술술 넘어가는 죽 10가지

◗ 소화기능이 떨어져서 위장이 편안한 음식이 그리워요!

나이가 들면 소화기관의 전반적인 기능은 떨어지게 되고, 특히 짜고 매운 것을
좋아하면 위 점막이 자극을 받을 수밖에 없어요.
죽은 쌀 등의 곡류를 충분히 호화시킨 식품으로 소화기관의 부담을 줄여 주는
음식이에요. 영양학적 균형을 고려하여 부재료를 잘 배합하면
한끼 음식으로도 충분해요.
죽을 먹을 때 소화가 잘되어 '금방 배가 고프다'라고 느껴진다면, 식이섬유소가
들어 있는 부재료를 넣으면 포만감이 어느 정도 지속될 수 있으니 참고하세요.

◗ 어떤 식재료의 어떤 성분이 좋은가요?

:: 디아스타제 : 무에는 디아스타제라는 소화효소가 풍부해요.
:: 비타민 U : 양배추에 있는 비타민 U는 위 점막을 보호해 주는 등, 위장 건강에
좋은 성분이에요.
:: 한방에서 대추의 단맛은 비위를 튼튼하게 해주고, 밤은 따듯한 성질이 있어
기를 돕고 위장과 신장을 튼튼하게 해준다고 알려져 있어요. 또한 호박의 당분은
소화흡수가 잘되어 위장이 약한 사람에게 좋다고 해요.

◗ 쉽고 맛있게 죽을 끓이고 싶어요!

:: 간편하게 빨리 죽을 끓이려면 쌀 대신 흰밥을 이용하세요. 부재료를 익히는 데
시간이 걸리는 죽은 쌀을 이용하고, 부재료를 간단하게 익힐 수 있는 죽은 밥을
이용하여 간편하게 끓일 수 있어요.
:: 단맛이 있는 죽은 소금을 조금 넣어 주면 단맛이 더욱 살아나서 맛있게 먹을 수 있어요.
:: 쉽게 죽을 끓이려면 사용이 간편한, '도깨비방망이'라고 불리는
핸드 블렌더를 사용하세요.

렌틸콩 밤죽

재료

쌀 1/2컵(90g)
렌틸콩 40g
맛밤 50g
우유 1컵(200ml)
물 4컵(800ml)
소금 약간

◗ 렌틸콩은 미국의 건강 전문지 《헬스》에서 세계 5대 슈퍼푸드 중 하나로 선정하였어요. 단백질, 식이섬유소가 많고 비타민 무기질도 많아요. 콜레스테롤을 낮추고 혈당조절을 도와주며 심혈관질환에도 좋다고 알려져 있어요.

◗ 밤[栗]의 당분에는 위장 기능을 강화하는 효소가 있다고 알려져 있어요. 속껍질까지 까져 있는 시판되는 밤을 이용하면 쉽게 조리할 수 있어요.

◗ 밤과 렌틸콩을 함께 넣어 죽을 끓이면 위장이 편안하면서도 포만감을 느낄 수 있어서 좋아요.

만드는 법

① 불린 쌀과 렌틸콩에 물을 붓고 끓인다.
② ①과 맛밤을 함께 블렌더로 갈아 준 후 한소끔 더 끓인다.
③ 우유를 넣고 저으면서 잠깐 더 끓이고, 소금으로 간한다.

재료

밥 1공기
매생이 50g
애호박 30g
육수 4컵(800ml)
소금 약간
후추 약간
참기름 1큰술

만드는 법

① 매생이는 물에서 살살 흔들면서 2~3회 헹군다.
② 냄비에 참기름을 두르고 밥과 다진 애호박을 볶다가, 육수를 부어 중불에서 끓인다.
③ 끓어오르면 약불로 줄여 매생이를 넣고 저어 가며 한소끔 더 끓인 후, 소금과 후추로 간한다.

◗ 매생이에는 5대 영양소가 모두 들어 있는 식물성 고단백 식품으로 우유보다 40배나 많은 철분을 함유하고 있어 빈혈, 골다공증 예방에 좋다고 알려져 있어요. 매생이의 미끌거리는 알긴산 성분은 장운동을 활성화시켜 주어요.
◗ 애호박은 당질과 비타민 A와 C가 풍부하고 소화흡수가 잘 되기 때문에 위궤양 환자에게도 권하는 음식이에요.
◗ 매생이와 애호박으로 함께 죽을 끓이면 위와 장에 모두 좋은 역할을 해주어 위장이 편안한 음식을 만들 수 있어요.

만드는 법

① 순살가자미를 1cm×1cm×1cm 크기의 정육면체로 썬다.
② 냄비에 된장을 먼저 살짝 볶은 후 육수를 붓고 끓어오르면, 밥을 넣고 무르도록 끓인다.
③ ①을 넣어 한소끔 더 끓인 후 다진 실파를 넣는다.

재료

밥 1공기
순살가자미 1마리(200g)
실파 1/2뿌리
된장 1큰술
다시마 육수 4컵(800ml)
소금 약간
후추 약간

◗ 흰살생선인 가자미는 고단백 저지방 어류이기 때문에 소화에 부담되지 않아요. 특히 껍질을 벗겨서 죽을 끓여주면 부드러운 맛을 즐길 수 있고 소화도 더욱 쉬워져요.
◗ 가벼운 된장 맛을 선호하는 경우 일본 된장을 사용하면 좋아요.

재료

밥 1공기
연두부 1모(200g)
삶은 고구마 1/2개
우유 1컵(200ml)
물 3컵(600ml)
소금 약간

만드는 법

① 밥과 삶은 고구마를 블렌더로 갈아 물을 붓고 끓인다.
② 끓어오르면 약한 불로 줄여 연두부를 숟가락으로 한입 크기로 떠 넣는다.
③ ②에 우유를 넣고 저으면서 한소끔 더 끓이고 소금으로 간한다.

연두부 고구마죽

◗ 연두부는 소화흡수가 쉬워 기력을 회복시켜 주어요.
◗ 고구마는 항암효과가 있는 베타카로틴, 식이섬유소가 풍부한 식품이에요. 체내에서 포도당으로 전환되는 시간이 느리기 때문에 상대적으로 포만감이 오래 지속될 수 있어서 죽의 재료로 사용하기 좋아요.

만드는 법

① 건나물은 물에 불려 물기를 제거한 후, 잘게 썰고 양념하여 달군 팬에 식용유를 두르고 볶는다.
② ①에 밥을 넣고 볶다가 육수를 붓고 끓인다.
③ 끓어오르면 중불로 줄여 은행잎 모양으로 납작하게 썬 감자를 넣고 한소끔 더 끓인 후, 소금과 후추로 간한다.

재료

밥 1공기
건나물 약간
(불린 상태로 약 60g)
감자 1/2개
육수 4컵(800ml)
소금 약간
식용유 약간

건나물 양념

액젓 1큰술
고춧가루 1큰술

건나물 감자죽

◗ 건나물은 생채가 건조되면서 줄어드는 수분 양만큼 상대적으로 식이섬유나 무기질의 함유량이 높아진 식재료예요. 식이섬유소는 위와 장에 머물며 포만감을 주고 혈당의 농도가 빨리 높아지는 것을 막아 주어요.
◗ 건나물로 죽을 끓일 때 부드러운 질감인 감자를 넣어 주면 좋아요.

재료

밥 1공기
닭가슴살 1쪽(120g)
마 100g
육수 4컵(800ml)
소금 약간
후추 약간

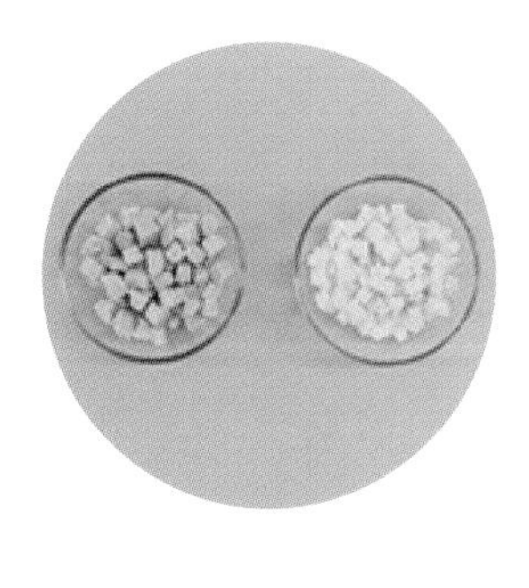

닭가슴살 마죽

◗ 마에 있는 점액 물질인 뮤신은 위산 과다와 소화성 위궤양 예방에 효과적인 성분이어서 위장이 편안한 죽의 재료로 좋아요. 특히 닭고기와 함께 섭취하면 강장효과를 끌어올릴 수 있다고 알려져 있어요.

◗ 익혀서 1개 단위로 포장되어 나온 닭가슴살을 사용하면 간편하게 조리할 수 있어요.

만드는 법

① 닭가슴살은 삶아서 1cm×1cm×1cm 크기의 정육면체로 썬다.
② 마는 껍질을 벗긴 후 1cm×1cm×1cm 크기의 정육면체로 썬다.
③ 냄비에 밥과 닭가슴살, 마를 넣고 볶다가 육수를 붓고 끓인 후, 소금과 후추로 간한다.

북어보푸라기 토핑 쇠고기장국죽

재료

밥 1공기
다진 쇠고기 70g
북어채 50g
말린 표고버섯 2개
육수 5컵(1L)

쇠고기 양념

간장 1+1/2큰술
다진 파 1큰술
다진 마늘 1작은술
후추 약간
참기름 1작은술

북어보푸라기 양념

설탕 1/2작은술
고춧가루 1/3작은술
소금 1/3작은술
깨소금 1/2작은술
참기름 1작은술

만드는 법

① 말린 표고버섯은 물에 불려 잘게 다진 후, 다진 쇠고기와 함께 양념을 섞고 재워 둔다.
② 냄비에 쇠고기와 표고버섯을 넣고 볶다가 밥과 육수를 넣고 끓인다.
③ 북어채는 분무기로 생수를 뿌려 촉촉하게 하여 분쇄기로 갈아 북어보푸라기를 만든다. 북어보푸라기가 주황색이 될 때까지 양념을 넣어 주물러 무친다.
④ 그릇에 죽을 담고 북어보푸라기를 토핑하여 완성한다.

◗ 북어보푸라기는 냉장 보관하면서 각종 음식에 넣어 먹으면 맛과 영양의 상승효과를 기대할 수 있어요.
◗ 육수로 콩나물을 데치고 난 물을 이용해도 좋아요.

호두 율무죽

재료

쌀 50g
율무 80g
호두 40g
우유 1컵(200ml)
물 4컵(800ml)
소금 약간

만드는 법

① 냄비에 불린 쌀, 불린 율무, 물을 붓고 푹 삶듯이 끓인다.
② ①과 호두를 함께 블렌더에 넣고 갈아 준 후 다시 끓인다.
③ 우유를 넣고 저으면서 한소끔 더 끓인 후 소금으로 간한다.

◗ 율무는 전분이 많고 단백질과 필수아미노산이 풍부하게 함유된 곡류예요. 루테인이 있어 눈 건강에도 도움이 되고 칼륨이 있어 노폐물 배출에도 도움이 된다고 알려져 있어요.

◗ 호두는 기억력을 좋게 해주고 두뇌를 건강하게 해주는 식품으로, 특히 불포화지방산이 풍부하여 율무와 함께 죽을 끓이면 영양소 보강효과를 기대할 수 있어요.

게맛살 김치죽

재료

밥 1공기
게맛살 100g
배추김치 50g
육수 4컵(800ml)
소금 약간
후추 약간
참기름 1큰술

만드는 법

① 배추김치는 잘게 다진다.
② 냄비에 참기름을 둘러 배추김치와 밥을 넣고 볶다가 육수를 붓고 끓인다.
③ 끓어오르면 찢어 놓은 게맛살을 넣고 중불로 줄여 한소끔 더 끓인 후, 소금과 후추로 간한다.

◗ 김치는 멸치육수와 맛의 궁합이 아주 잘 맞아요.
◗ 김치의 간, 게맛살의 간이 강하므로 소금을 넣을 때 주의하세요.

맥문동 달걀죽

재료

밥 1공기
맥문동 10g
달걀 2개
애호박 20g
당근 20g
양파 20g
육수 4컵(800ml)
소금 약간
후추 약간
참기름 1큰술

◗ 각종 채소와 달걀을 넣어 만든 기본적인 죽에 단맛과 쓴맛이 있는 맥문동을 넣어 입맛을 돋우게 해주었어요. 맥문동의 사포닌 성분은 심장과 장을 튼튼하게 하고 열을 없애며 이뇨작용을 돕는다고 알려져 있어요.

만드는 법

① 애호박, 당근, 양파는 잘게 다진다.
② 냄비에 참기름을 두르고 ①과 밥을 넣고 볶다가, 맥문동과 육수를 넣고 끓인다.
③ 끓어오르면 중불로 줄여 풀어 놓은 달걀을 넣고 저으면서 끓인 후, 소금과 후추로 간한다.

7

변비탈출,
한끼 샐러드 10가지

◗ 변비가 심해졌어요!

나이가 들면서 대장의 신경세포는 변이 있는 것을 잘 느끼지 못하게 되고,
항문 근육은 힘이 약해져서 변을 잘 보지 못하게 되어 가스가 차 있는 복부팽만과
함께 변비가 심하게 올 수 있어요.
또한 장내의 유익균은 감소하고 유해균은 증가하는 것이 노화과정에서 나타나는
대장의 증상이기 때문에, 장내 미생물의 균형을 맞춰 주는 것이
노년기 장 건강의 핵심이라고 할 수 있어요.
장 건강을 위해서는 대장균의 성장을 도와 변의 부피를 팽창시키고 변을 부드럽게
만들어 주는, 섬유질이 풍부한 채소를 많이 먹으면 좋아요.

◗ 한끼를 샐러드로! 채소만 있는 샐러드는 가라!

:: 샐러드를 한 끼니로 대용하려면 채소 이외에 탄수화물과 단백질 식품 등이 재료로 포함되어야 해요. 제철 채소를 기본으로 하고 맛과 영양을 고려하여 탄수화물 식품과 고기, 콩 등의 단백질 식품을 넣었으며, 모든 재료와 어울리는 유지류가 베이스인 드레싱을 조화롭게 구성하였어요.

:: 기본 채소는 양상추, 꽃상추, 어린잎채소, 치커리 같은 그린채소와 양파를 사용하세요. 일반적으로 채소 100g 정도를 기본 분량으로 하면 좋아요.

:: 10개 샐러드에 각각 다른 10개의 드레싱으로 맛을 내었어요. 기호대로 드레싱의 종류를 바꾸어 사용해도 좋아요.

* 드레싱은 다양한 종류의 제품으로 나와 있으니 참고하세요.

훈제연어 퀴노아 샐러드

재료

기본 채소 100g
훈제연어 60g
퀴노아 10g
청피망 1/2개

레몬 비네그레이트 드레싱

올리브유 2큰술
식초 1큰술
레몬즙 1큰술
디종머스타드 1작은술
소금 약간
후추 약간

◗ 퀴노아는 곡물이면서도 양질의 단백질을 가지고 있고, 특히 필수아미노산을 골고루 균형 있게 가지고 있어요.
◗ 연어에 있는 EPA, DHA 등 오메가-3 지방산(불포화지방산)은 심혈관 질환에 좋아 섭취를 권장하고 있어요.
◗ 연어가 좀 느끼하다고 생각되면 무순을 곁들여 주면 좋아요.

만드는 법

① 훈제연어는 한 장씩 분리해서 한입 크기로 썬다.
② 퀴노아는 삶아서 체에 밭쳐 놓는다.
③ 피망은 1cm×1cm 크기로 썬다.
④ 기본 채소를 깔고 모든 재료를 얹은 후 레몬 비네그레이트 드레싱을 곁들여 낸다.

재료

기본 채소 100g
감자 1개
완두콩 40g
양파 1/4개
각종 치즈 60g
소금 약간

요거트 드레싱

플레인 요거트 4큰술
꿀 1/2큰술
마요네즈 1큰술
레몬즙 1큰술
소금 1/2 작은술
파슬리 가루 약간

치즈 감자 샐러드

◗ 감자와 치즈를 함께 섭취하면 감자에 부족한 단백질과 지방을 치즈가 보충해 주고, 치즈에 함유된 염분의 지나친 흡수를 감자의 칼륨이 막아 주어요.

만드는 법

① 감자는 은행잎 모양으로 얇게 썬 후, 소금물에 데친다.
② 완두콩도 소금물에 데친다.
③ 양파는 잘게 다진다.
④ 각종 치즈와 감자, 완두콩, 양파를 섞어 전자레인지에서 치즈가 녹을 때까지 익힌 후, 기본 채소 위에 얹어서 요거트 드레싱을 곁들여 낸다.

연두부 밥새우 샐러드

재료

기본 채소 100g
연두부 150g
밥새우 10g

오리엔탈 드레싱

간장 1큰술
올리고당 1큰술
식초 1큰술
참기름 1큰술

만드는 법

① 연두부는 체에 담아 뜨거운 소금물에 데친다.
② 밥새우는 체에 담아 끓는 물을 끼얹으면서 데친다.
③ 기본 채소에 연두부를 숟가락으로 떠서 얹고 밥새우를 얹은 후, 오리엔탈 드레싱을 곁들여 낸다.

◗ 밥새우는 바다에서 잡은 작은 새우를 바로 건조시킨 것으로 단백질, 칼슘, 칼륨이 풍부하고 일반 새우처럼 딱딱하지 않고 부드러워요.
◗ 샐러드 위에 가쯔오부시를 뿌리면 감칠맛이 더해져요.

두부구이 병아리콩 샐러드

재료

기본 채소 100g
두부 1/3모(100g)
병아리콩 30g
비트 20g
올리브유 1큰술

오리엔탈 드레싱

간장 1큰술
올리고당 1큰술
식초 1큰술
참기름 1큰술

◗ 비트는 철분과 비타민이 많은 뿌리식품으로 면역력을 높여 주고 항암효과도 있어요. 살짝 데치면 충분히 부드러운 느낌으로 먹을 수 있어요.

◗ 병아리콩은 인류 역사상 가장 오래 전부터 재배되어 온 콩으로, 혈중 콜레스테롤을 낮춰 주고 혈당유지를 도와주는 식품으로 알려져 있어요. 특히 병아리콩은 우유 못지않게 칼슘이 풍부해요.

만드는 법

① 두부는 3cm×3cm×1.5cm 크기로 썰어, 달군 팬에 올리브유를 두르고 앞뒤 노릇하게 지진다.
② 병아리콩은 삶는다.
③ 비트는 채 썰어 데친다.
④ 기본 채소에 구운두부와 병아리콩, 비트를 얹은 후 오리엔탈 드레싱을 곁들여 낸다.

단호박 달걀 샐러드

재료

단호박 100g
고구마 80g
달걀 2개
토마토 1개
마요네즈 약간
머스타드 약간
모닝빵 2~3개

만드는 법

① 단호박은 껍질과 씨를 제거하고, 고구마는 껍질을 벗긴 후 삶아 으깬다.
② 달걀은 완숙으로 삶아 으깬다.
③ 마요네즈와 머스타드를 3:1의 비율로 섞어 ①과 ②에 넣고 버무린다.
④ 토마토는 얇게 반달 모양으로 썰어 곁들여 준다.

◗ 모닝빵을 함께 서빙해서 한 입 크기로 떼면서 샐러드와 함께 먹거나 샌드위치처럼 만들어 먹으면 든든한 한끼가 되어요.

◗ 단호박과 고구마에 많이 있는 비타민 A의 종류인 베타카로틴은 눈 건강, 피부 건강에 좋은 역할을 해주어요.

재료

기본 채소 100g
렌틸콩 30g
병아리콩 30g
강낭콩 30g
옥수수 통조림 1/5캔(40g)

발사믹 드레싱

올리브유 2큰술
발사믹 식초 3큰술
올리고당 1큰술
소금 약간
후추 약간

만드는 법

① 렌틸콩, 병아리콩, 강낭콩은 삶은 후 체에 밭쳐 놓는다.
② 옥수수 통조림은 체에 밭쳐 조미액을 제거한다.
③ 기본 채소에 ①과 ②를 얹은 후 발사믹 드레싱을 곁들여 낸다.

◗ 식물성 단백질 식품인 세 가지 콩(렌틸콩, 병아리콩, 강낭콩)을 함께 넣어 만들어 단백질뿐만 아니라 전분 함량도 비교적 높아 포만감까지 느껴지는 한끼 샐러드예요.

장조림 소면 샐러드

재료

기본 채소 100g
소면 60g
장조림 50g

칠리 드레싱

고추장 1작은술
칠리 소스 2큰술(대용 : 토마토케첩 1큰술 + 물엿 1큰술)
식초 1큰술
다진 마늘 1작은술
소금 약간
후추 약간

◗ 장조림 고기가 없을 때는 고기에 소량의 간장과 설탕을 넣어 가볍게 조림하여 사용하세요.

◗ 기본 채소와 고기, 새로운 맛의 소스를 버무려 준 '신세대 비빔국수' 스타일의 샐러드예요.

만드는 법

① 소면은 삶는다.
② 장조림은 결대로 찢는다.
③ 기본채소에 소면과 장조림을 얹고 칠리드레싱을 곁들여 낸다.

재료

기본 채소 100g
차돌박이 80g
팽이버섯 50g
감자 1/2개

참깨 드레싱

간장 1큰술
꿀 1작은술
땅콩버터 1큰술
식초 1큰술
다진 마늘 1작은술
참깨 2큰술
참기름 1큰술

차돌박이 팽이버섯 샐러드

◗ 팽이버섯은 매우 순하면서도 식이섬유가 많아 육류와 함께 먹으면 콜레스테롤 수치를 떨어뜨려 궁합이 잘 맞는 식품이에요.

◗ 차돌박이의 부드러운 맛과 팽이버섯의 아삭함에 고소한 참깨드레싱을 더해 준 샐러드예요.

만드는 법

① 차돌박이는 데친다.
② 팽이버섯은 먹기 좋게 결대로 찢어 놓은 후 살짝 데친다.
③ 감자는 1cm 굵기로 채 썰어 데친다.
④ 기본 채소와 차돌박이, 팽이버섯, 감자를 섞은 후 참깨 드레싱을 곁들여 낸다.

불고기 마 샐러드

재료

기본 채소 100g
쇠고기(불고기용) 100g
마 80g
새송이버섯 1개
식용유 약간

쇠고기 양념

간장 1큰술
설탕 1/2큰술
다진 파 약간
다진 마늘 약간
후추 약간

오리엔탈 드레싱

간장 1큰술
올리고당 1큰술
식초 1큰술
참기름 1큰술

만드는 법

① 쇠고기는 양념한 후 달군 팬에 식용유를 두르고 볶는다.
② 마와 새송이버섯은 한입 크기로 썰어 데친 후,
①에 넣고 섞는다.
③ 기본 채소에 ②를 얹은 후 오리엔탈 드레싱을 곁들여 낸다.

◗ 마의 점액질 성분인 뮤신은 위벽을 보호해 주어 위염 등의 증상을 완화해 줄 뿐만 아니라 소화를 도와주기도 해요.

닭가슴살 아스파라거스 샐러드

재료

기본 채소 100g
닭가슴살 120g
아스파라거스 2줄기
강낭콩 40g

와사비마요네즈 드레싱

마요네즈 3큰술
와사비 2작은술
올리고당 1작은술
소금 약간
후추 약간

만드는 법

① 닭가슴살은 삶아서 한입 크기로 썬다.
② 아스파라거스는 소금물에 데친 후 3~4cm 길이로 썬다.
③ 강낭콩은 삶아 체에 밭쳐 놓는다.
④ 기본 채소에 닭가슴살, 아스파라거스, 강낭콩을 얹은 후 와사비마요네즈 드레싱을 곁들어 낸다.

◗ 아스파라거스는 눈 건강에 좋은 루테인, 혈당을 낮추는 루틴, 항산화제 역할을 하는 글루타티온이 많이 들어 있는 식재료예요. 너무 질긴 껍질 부위의 식이섬유소는 제거하고 먹어도 좋아요.

8

입맛 돋우는 건강한 국수요리 10가지

◗ 입맛 돋우는 음식을 먹고 싶어요!

나이가 들면 후각, 미각 등의 감각기관의 기능이 떨어지고 식욕을 높이는 호르몬 분비가 줄어들면서 음식을 먹고 싶다는 생각이 줄어들어요. 또한 입이 마르는 구강건조증이 나타나기 쉬운데, 이것도 식욕을 떨어뜨리는 원인이 될 수 있어요. 식욕이 떨어져서 음식 섭취가 줄어들면 영양불균형으로 여러 가지 질병이 유발될 수 있으니, 일단 식욕을 회복할 수 있는 방법을 생각해야 해요. 구강건조증을 완화하기 위하여 수분 섭취를 늘리는 것이 좋고, 침 분비를 늘리고 입맛을 돋울 수 있도록 음식의 색깔, 모양, 맛을 다양하게 조리하면 좋아요.
물국수, 비빔국수, 볶음우동, 국수전골, 콩국수, 파스타 등 다양한 국수요리로 입맛을 돋우어 보세요.

◗ 다양한 국수요리를 쉽고 건강하게 만들어 보아요!

:: 국물이 있는 국수요리를 할 때는 한약재를 넣어 주어 자연스럽게 기능성을 높여 주세요.
:: 국수의 종류는 요리별로 정해져 있는 것은 아니에요. 기호에 맞게, 상황에 맞게 다양하게 선택해서 요리하세요. 예를 들어 우리나라 소면에 파스타 소스를 곁들여 먹어도 괜찮아요.
:: 국수 종류별 삶는 방법을 참고하세요.

소면 삶기 : 냄비에 물을 넉넉히 넣고 끓으면 3분 30초 동안 삶아요. 중간에 끓어오르면 찬물을 반 컵 정도 부어 다시 한 번 끓어오를 때까지 삶아 주세요.
우동면 삶기 : 숙면으로 나오는 경우가 많기 때문에 끓는 물에 2분 정도 데친 후 물기를 제거해 주면 돼요. 탱탱한 식감을 원할 때는 찬물에 헹구어 주세요.
스파게티면 삶기 : 끓는 물에 약간의 소금과 올리브유, 그리고 면을 넣어 10분 정도 삶은 후 체에 밭쳐 물기를 제거해 주세요.

간편 두부 콩국수

만드는 법

① 콩국수 국물은 두부, 두유, 잣, 소금을 함께 블렌더로 갈아 만든다.
② 소면은 삶는다.
③ 오이는 채 썰고 방울토마토는 반으로 자른다.
③ 그릇에 소면을 담고 콩국수 국물을 부은 후,
오이와 방울토마토를 얹는다.

재료

소면 150g
오이 1/4개
방울토마토 2개

콩국수 국물

두부 1/2모(150g)
잣 약간
두유 2컵(400ml)
소금 약간

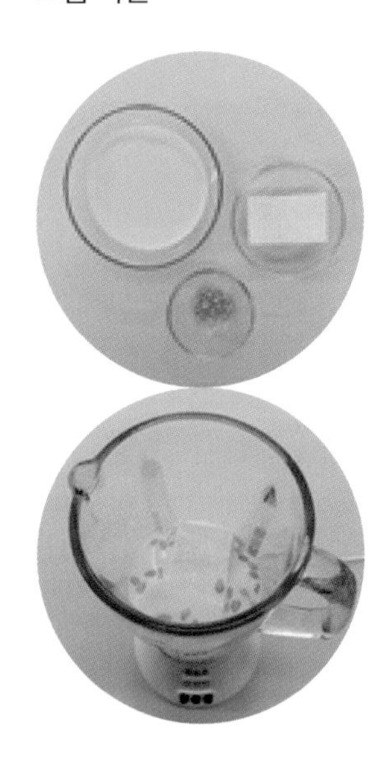

◗ 두유와 두부를 이용해 쉽게 콩국수 국물을 만들어 시원하게 먹을 수 있어요. 생콩으로 만든 것과 비교해 영양도 비슷하고 맛도 부드러움도 비슷!
◗ 두유는 달지 않은 제품을 선택하는 것이 좋아요.

재료

우동면(생면) 300g
닭가슴살 1쪽(120g)
3색 파프리카 1/3개씩
양파 1/2개
굴 소스 1작은술
물 1+1/2컵(300ml)
카레가루 2큰술
식용유 약간

만드는 법

① 우동면은 데친다.
② 닭가슴살, 파프리카, 양파는 한입 크기로 썬다.
③ 달군 팬에 식용유를 두르고 ②를 볶다가 물을 붓고 끓인다.
④ 채소가 익으면 카레가루와 굴 소스를 넣고 한소끔 더 끓인다.
⑤ ④에 우동면을 넣고 양념이 배도록 잠깐 볶는다.

◗ 단백질이 많은 닭가슴살과 각종 채소를 넣어 만든 되직한 카레에 부드러운 면을 볶아 준 든든한 한끼예요.
◗ 카레의 주원료인 강황에 들어 있는 커큐민 성분은 항산화물질이에요. 콜레스테롤 수치 낮추기, 피부노화 방지 등의 효과가 있어요.
◗ 생크림을 조금 풀어 주면 더욱 부드러운 크림카레가 되어요.

고추장 토마토소스 스파게티

재료

스파게티면 130g
양송이버섯 50g
양파 1/4개
중새우 4마리(50g)
다진 마늘 1/2큰술
고추장 1/2큰술
토마토소스 1컵(200ml)
소금 약간
후추 약간
올리브유 약간

만드는 법

① 양송이버섯과 양파는 굵게 다진다.
② 달군 팬에 올리브유를 두르고 다진 마늘을 볶다가, 손질한 중새우와 양송이버섯, 양파를 넣고 볶는다.
③ 고추장과 토마토소스를 풀어서 넣고 끓인 후, 소금과 후추로 간한다.
④ 스파게티면은 삶아서 ③에 넣고 양념이 배도록 잠깐 볶는다.

◗ 강력한 항산화작용을 하는 리코펜이 많은 토마토소스에 고추장을 풀어 주면 칼칼한 맛을 느낄 수 있어요.

장아찌 말이 국수

재료

소면 150g
오이장아찌 50g
달걀 1개
멸치육수 3컵(600ml)
소금 약간

오이장아찌 양념

대파 1/4뿌리
설탕 약간
깨소금 약간
참기름(또는 들기름) 약간

만드는 법

① 물기를 제거한 오이장아찌는 다진 대파, 설탕, 깨소금과 참기름을 넣어 조물조물 무친다.
② 끓는 멸치육수에 달걀 물을 풀고 소금으로 간한다.
③ 소면을 삶아 그릇에 담고, ②를 붓고 양념한 오이장아찌를 얹는다.

TIP

◗ 육수에 달걀을 풀어 국물에 단백질을 보강하였고 각종 장아찌류를 고명으로 얹어 입맛을 돋운 국수예요.
◗ 오이장아찌 대신 고추, 매실 등 어떤 종류의 장아찌를 이용해도 좋아요.

명란 구기자 알리오올리오

재료

스파게티면 130g
명란젓 80g
구기자 3g
마늘 5쪽
맛술(또는 화이트 와인) 2큰술
소금 약간, 후추 약간
올리브유 약간

만드는 법

① 명란젓은 껍질 가운데에 칼집을 내고 칼등으로 밀어 명란만 따로 발라낸다.
② 구기자는 물에 불려 놓는다.
③ 스파게티면은 삶아서 체에 밭쳐 물기를 제거한다.
④ 달군 팬에 올리브유를 두르고 편으로 썬 마늘을 볶은 후 명란과 구기자, 맛술을 넣어 볶아 준다.
⑤ ④에 스파게티면을 넣고 양념이 배도록 잠깐 볶는다.

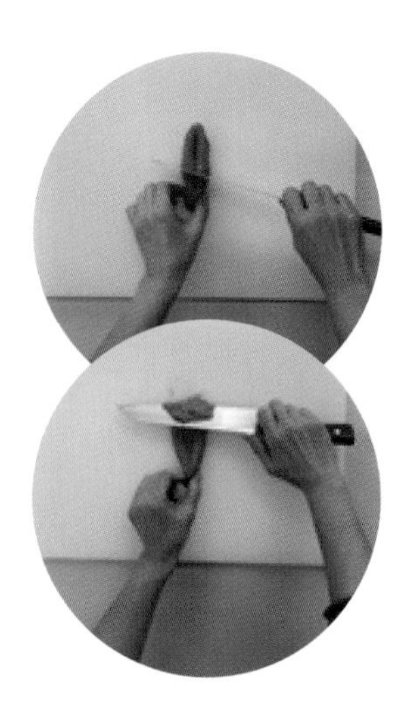

◗ 알리오올리오는 올리브유와 마늘을 주재료로 만드는 파스타로 맛이 자극적이지 않아요.

◗ 명란젓에는 눈 건강에 좋은 비타민 A, 노화방지에 좋은 비타민 E, 두뇌건강에 좋은 DHA가 많이 들어 있어요.

◗ 구기자의 콜린대사물질의 하나인 베타인 성분은 간에 지방이 축적되는 것을 막아 주며, 독성물질을 배출하는 작용을 한다고 알려져 있어요.

재료

스파게티면 130g
배추김치 100g
양파 1/4개
베이컨 2줄
달걀노른자 1개
다진 마늘 1작은술
우유 1+1/2컵(300ml)
파르메산 치즈 가루 약간
소금 약간
후추 약간
올리브유 4큰술

만드는 법

① 스파게티면은 삶아서, 체에 밭쳐 물기를 제거한다.
② 배추김치는 씻어서 물기를 제거한 후 잘게 다지고, 양파는 가늘게 채 썰고, 베이컨은 한입 크기로 잘게 썬다.
③ 달군 팬에 올리브유를 두르고 마늘을 볶다가 배추김치, 양파, 베이컨을 넣어 조금 더 볶은 후 우유를 넣어 끓인다. 이때 면수(스파게티면 삶은 물)를 3~4큰술 넣으면서 농도를 조절한다.
④ ③에 스파게티면과 달걀노른자, 파르메산 치즈 가루, 소금을 넣고 버무린 후 후추를 뿌린다.

김치 까르보나라 스파게티

TIP

◗ 까르보나라 스파게티는 베이컨과 달걀, 치즈 가루와 크림소스 등으로 맛을 낸 파스타예요. 느끼하지 않게 크림 대신 우유로만 맛을 냈고, 칼칼한 김치를 넣어 입맛을 돋우어 주었어요.

과일듬뿍 비빔국수

재료

소면 150g
토마토 1/2개
오이 1/4개
사과 1/4개
배 1/4개
단감 1/4개

간장겨자 소스

간장 1큰술
설탕 1작은술
연겨자 1/2작은술
식초 1작은술
다진 마늘 1작은술
깨소금 약간
참기름 1작은술
육수 1/2컵(100ml)

만드는 법

① 소면은 삶는다.
② 사과, 배, 단감, 토마토, 오이는 얇게 채 썬다.
③ ①과 ②에 간장겨자 소스를 버무린다.

◗ 디저트나 간식으로만 과일을 먹는다는 고정관념은 가라! 소면에 과일채를 듬뿍 넣고 톡 쏘는 간장겨자 소스를 버무려 입맛을 돋우었어요.

버섯 맥문동 칼국수 전골

재료

칼국수면(생면) 150g
쇠고기(샤브샤브용) 100g
배춧잎 2장(80g)
새송이버섯 1개(100g)
느타리버섯 100g
팽이버섯 100g
육수 4컵(800ml)
맥문동 5g

전골 양념

간장 1큰술
액젓 1/2큰술
고춧가루 1큰술
다진 마늘 1큰술

◗ 쇠고기와 버섯을 넣은 전골 요리에 칼국수를 함께 넣어 끓여서 영양학적으로 한끼 식사로 충분하도록 고려한 국수 요리예요.

◗ 맥문동은 폐 기능을 좋게 하여 마른기침 등에 효과가 있는 한약재로 알려져 있어요.

◗ 계절에 따라 쑥갓이나 미나리 등을 추가해 주면 향긋한 맛을 느낄 수 있어요.

만드는 법

① 칼국수면은 끓는 물에 삶는다.
② 배춧잎과 버섯은 한입 크기로 썰거나, 결대로 찢는다.
③ 전골냄비에 육수와 양념, 맥문동을 넣고 한소끔 끓인 후 쇠고기와 버섯, 삶은 칼국수면을 넣고 끓인다.

참치 파프리카 비빔국수

재료

소면 150g
참치 통조림 1캔(100g)
다진 양파 2큰술
홍파프리카 1/2개
청파프리카 1/2개

고추장 소스

간장 1작은술
올리고당 1/2큰술
고추장 2큰술
식초 1큰술
맛술 1작은술
깨소금 약간
참기름 약간

◗ 단백질 급원인 부드러운 참치 통조림을 넣고 신선한 양파와 파프리카를 부재료로 사용한 국수요리예요.

◗ 파프리카 100g에는 비타민 C가 하루 권장 섭취량의 170%나 들어 있어요. 이 외에도 각종 비타민, 섬유질, 항산화성분들이 풍부하게 들어 있어요.

만드는 법

① 참치 통조림은 체에 밭쳐 조미액을 제거한 후, 으깨서 다진 양파와 섞는다.
② 홍파프리카, 청파프리카는 1cm×1cm 크기로 썬다.
③ 소면을 삶아 ①, ②와 고추장 소스를 넣고 버무린다.

재료

우동면(생면) 300g
쇠고기(불고기용) 100g
금은화 3g
느타리버섯 200g
당근 1/4개
양파 1/4개
대파 1/2뿌리
육수 1/2컵(100ml)
소금 약간
후추 약간
식용유 약간

불고기 양념

간장 1큰술
설탕 1/2큰술
맛술 1/2큰술
다진 마늘 1큰술
후추 약간
참기름 1큰술

◗ 부드러운 우동 생면에 쇠고기와 각종 채소를 넣어 우리나라 불고기처럼 볶아 준 영양만점 한끼 국수예요.
염증 반응을 억제하는 작용이 있다고 알려진 금은화를 넣어 자연스럽게 기능성을 높여 주었어요.

만드는 법

① 우동면은 데친다.
② 쇠고기는 양념에 재워 두고, 금은화는 물에 불려 놓는다.
③ 느타리버섯은 결대로 찢고 양파, 당근, 대파는 굵게 채 썬다.
④ 달군 팬에 식용유를 두르고 쇠고기와 금은화를 볶다가 ③을 넣고 잠깐 볶은 후, 육수를 자작하게 붓고 한소끔 끓인다.
⑤ ④에 우동면을 넣고 양념이 배도록 잠깐 볶는다.

불고기 금은화 볶음우동

9

허리꼿꼿 무릎튼튼, 고기요리 10가지

◗ 근력을 키우고 싶어요!

노화가 진행되면서 근육이 점점 소실되는 근감소증이 생기게 돼요. 60세 이상이면 약 30%, 80세 이상이면 약 50%의 근육이 손실된다고 알려져 있어요.
근감소증이 있는 경우, 음식을 잘 삼키지 못하는 연하장애 증상이 나타날 수도 있으니 특히 조심해야 해요.
근감소증을 예방하기 위해서는 근육을 구성하는 단백질을 충분히 섭취해야 해요.
일반 성인의 1일 단백질 섭취 권장량은 체중 1kg당 0.8g 정도인데,
이것은 60kg인 사람이 1일 280g의 쇠고기를 섭취하는 정도예요.

◗ 어떤 식재료의 어떤 성분이 좋은가요?

단백질이 많이 함유된 식품, 특히 아르기닌, 메티오닌 같은 필수아미노산이 풍부한 식재료가 좋아요. 또한 단백질 합성에 도움이 되는 비타민 B_6, 비타민 B_{12}, 엽산, 비타민 C, 칼슘 등을 섭취하는 것도 좋아요.
양질의 동물성 단백질 급원 식품으로는 쇠고기, 돼지고기, 닭가슴살, 오리고기, 우유 등이 있어요.

◗ '수비드 쿠킹'으로 질기지 않고 부드러운 고기 요리를 해보아요!

'수비드 쿠킹'은 저온에서 진공 상태로 조리하는 방법이에요. 고기요리는 높은 온도에서 단시간 조리하면 질겨지고, 낮은 온도에서 천천히 조리하면 부드러워지므로 수비드 쿠킹으로 조리하면 부드러운 고기를 먹을 수 있어요.
가정에서는 전기밥솥을 이용하면 수비드 쿠킹을 간단히 할 수 있어요. 재료를 지퍼백에 넣고 공기를 빼고 닫은 다음, 뜨거운 물을 부은 전기밥솥에서 보온으로 1시간 정도 두면 완성!

만드는 법

① 돼지고기는 2cm×2cm 크기로 나박하게 썬다.
② 홍고추, 풋고추, 생강은 잘게 다진다.
③ ①과 ②에 양념을 버무려 지퍼백에 담는다.
(최대한 공기를 빼고 지퍼백을 닫는다.)
④ 전기밥통에 ③이 잠길 정도로 뜨거운 물을 붓고 보온 코스에서 1시간 동안 익힌다.
⑤ 그릇에 담고 모차렐라 치즈를 토핑한 후, 전자레인지에서 잠깐 조리하여 치즈가 녹아내리게 한다.

치즈 토핑 매콤 돼지고기 찜

재료

돼지고기(살코기) 400g
홍고추 1/2개, 풋고추 1/2개
생강 20g, 모차렐라 치즈 약간

찜 양념

간장 3큰술, 설탕 1큰술
올리고당 2큰술, 고추장 1/2큰술
고춧가루 1작은술
맛술 1큰술, 다진 대파 2큰술
다진 마늘 1큰술
후추 약간, 참기름 1/2큰술

◗ 육류를 가장 부드럽게 조리하고자 할 때는 위의 방법대로 하고, 조금 덜 부드러워도 괜찮은 경우는 냄비에 넣어 일반적인 찜요리 하듯이 조리하면 돼요.

◗ 매콤한 찜요리에 치즈를 토핑해서 녹여 주면 더욱 부드러운 맛을 즐길 수 있을 뿐만 아니라 칼슘을 보강하여 섭취할 수 있어서 좋아요.

재료

닭가슴살 2쪽(200g)
표고버섯 2개
양파 1/2개
대파 1/4뿌리
마늘 3쪽
건대추 2개

찜 양념

간장 3큰술
올리고당 2큰술
설탕 1큰술
맛술 1큰술
다진 마늘 1큰술
황기 10g
후추 약간
참기름 1작은술

◗ 살코기인 닭가슴살에 황기, 대추, 표고 등의 한방 재료를 넣고 오랜 시간 뭉근하게 조리하여 재료의 맛을 충분히 우려낸 찜요리예요.

만드는 법

① 닭가슴살, 표고버섯, 양파, 대파는 한입 크기로 썬다.
② 마늘과 건대추는 잘 씻어 통으로 그대로 준비한다.
③ 모든 재료에 양념을 버무려 지퍼백에 담는다.
(최대한 공기를 빼고 지퍼백을 닫는다.)
④ 전기밥통에 ③이 잠길 정도로 뜨거운 물을 붓고
보온 코스에서 1시간 동안 익힌 후, 황기를 빼고 내놓는다.

한방 닭가슴살 찜

재료

쇠고기 300g, 단호박 1/4개
생강 10g, 깻잎 10장
양파 1/4개

찜 양념

간장 4큰술, 올리고당 3큰술
다진 마늘 1큰술, 산사 10g
오가피 5g

겨자 소스

간장 1/2큰술
올리고당 1/2큰술
연겨자 1/2큰술, 식초 1작은술
참기름 1/2작은술

만드는 법

① 쇠고기와 단호박은 2cm×2cm 크기로 나박하게 썰고 생강은 다진다.
② ①에 찜 양념을 버무려 지퍼백에 담는다. (최대한 공기를 빼고 지퍼백을 닫는다.)
③ 전기밥통에 ②가 잠길 정도로 뜨거운 물을 붓고 보온 코스에서 1시간 동안 익힌다.
④ 채 썬 깻잎과 양파를 물에 담가 두었다가 건져서 물기를 제거하고 접시에 깐 후, ③을 얹어 주고 겨자 소스와 함께 내놓는다.

◗ 산사는 기름진 음식이나 고기를 잘 소화시키고 어혈을 제거하는 데 도움을 주고, 오가피는 고기의 육독을 없애며 신경안정 및 근골을 튼튼하게 한다고 알려져 있는 한방 재료예요.

돼지고기 안심 데리야끼

재료

돼지고기 안심 300g
사과 1/2개
청주 1큰술
녹말가루 1작은술
소금 약간
후추 약간

데리야끼 소스

간장 1+1/2큰술
설탕 1큰술
올리고당 2작은술
맛술 1큰술

▶ 산성식품인 돼지고기에 대표적인 알카리성 식품인 사과를 넣어 주어 균형을 맞춘 음식이에요.

▶ 기름기가 거의 없는 살코기의 경우 녹말로 먼저 버무려 준 후 조리하면 부드러운 질감을 느낄 수 있어요.

만드는 법

① 돼지고기와 사과는 4cm 길이로 굵게 채 썬다.
② 돼지고기는 청주, 녹말가루, 소금, 후추로 간한다.
③ 달군 팬에 데리야끼 소스 재료를 넣고 끓어오르면 돼지고기와 사과를 넣고 양념이 배어들 때까지 졸인다.

닭고기 연근 함박스테이크

재료

닭가슴살 200g
두부 100g
연근 80g
간장 3큰술
설탕 1+1/2큰술
다진 마늘 1/2큰술
녹말가루 2큰술
참기름 1/2큰술
식용유 약간

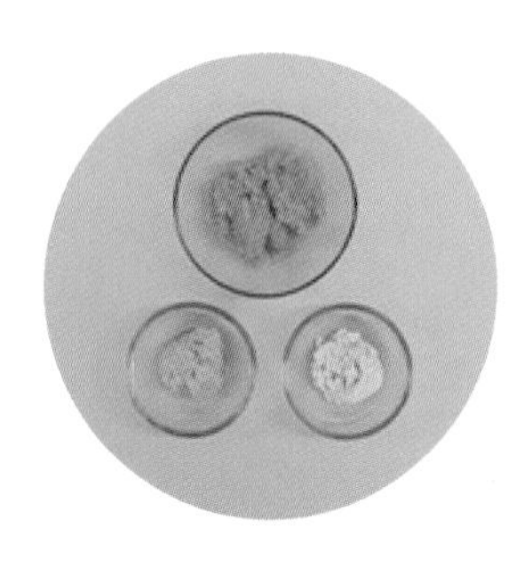

만드는 법

① 닭가슴살은 곱게 다지고, 두부는 물기를 제거한 후 으깬다.
② 연근은 곱게 다져 달군 팬에 식용유를 두르고 살짝 볶는다.
③ ①과 ②에 나머지 재료를 모두 넣어 잘 치댄 후, 넓적하게 빚어 달군 팬에 식용유를 두르고 앞뒤로 노릇하게 지진다.

◗ 연근 100g에는 비타민 C 하루 권장량의 1/2 정도가 들어 있고, 식이섬유소도 풍부하게 들어 있어요. 한방에서는 지혈이나 설사 및 구토 완화작용이 있다고 알려져 있어요.

◗ 기호에 따라 스테이크 소스 등과 곁들여 먹으면 촉촉함을 유지하면서 먹을 수 있어요.

재료

쇠고기 200g, 양상추 1/4개
대파 1/2뿌리, 마늘 2쪽
설탕 1/2작은술
소금 1/2작은술
올리브유 약간

쇠고기 양념

간장 1/2큰술
청주 1/2큰술
녹말가루 1작은술
소금 약간

볶음 양념

굴 소스 1큰술
청주 1/2큰술
녹말가루 1작은술, 물 4큰술
참기름 약간

◗ 녹말가루가 들어간 양념에 재운 쇠고기를 볶을 때는 식용유를 조금 넣고 주물러 준 후 데치면 엉겨 붙지 않아요.

◗ 양상추는 알카리성 식품으로 육류와 함께 먹으면 궁합이 좋아요.

◗ 양상추를 고기요리와 곁들여 먹을 때는 미지근한 물에 담가 주면 숨이 약간 죽은 상태여서 먹기 좋아요.

쇠고기 양상추 볶음

만드는 법

① 쇠고기는 얇게 썰어 양념에 재운 후 달군 팬에 올리브유를 두르고 익힌다.
② 대파는 어슷하게 썰고 마늘은 편으로 썬다.
③ 양상추는 먹기 좋은 크기로 뜯어 미지근한 물에 담가 놓는다.
④ 달군 팬에 올리브유를 두르고 대파와 마늘을 볶아 향을 낸 후, 볶음 양념을 넣어 끓어오르면 ①을 넣고 잠깐 볶는다.
⑤ 그릇에 물기 뺀 양상추를 담고, ④를 얹는다.

훈제오리 또띠야롤

재료

또띠아 2장
훈제오리 150g
오이 1/3개, 청피망 1/2개
양파 1/3개, 식용유 약간

소스

올리고당 1큰술
굴 소스 2큰술, 물 2큰술
녹말가루 1/2작은술

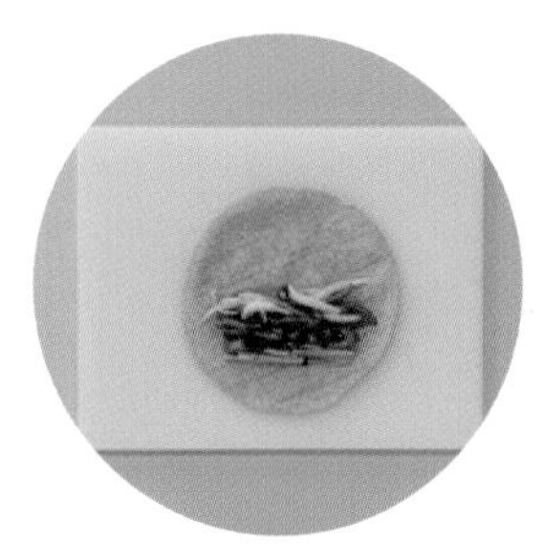

◗ 또띠아는 옥수수 가루 등으로 만든 멕시코의 전병 형태로, 시판되는 것을 냉동보관하면서 사용하세요. 또띠아가 없으면 밀전병 형태로 부쳐서 사용해도 좋아요.
◗ 오리고기의 지방은 불포화지방산으로 구성되어 있고, 단백질도 필수 아미노산으로 구성되어 있어요. 특히 훈제오리는 뼈가 없고 부드러워 조리 및 섭취가 편리해요.
◗ 기호에 따라 초간장을 곁들여 주어도 좋아요.

만드는 법

① 훈제오리는 데쳐서 굵게 채 썬다.
② 오이, 청피망, 양파는 굵게 채 썰어 달군 팬에 식용유를 두르고 볶는다.
③ 소스 재료를 한번에 섞어 넣고 한소끔 끓인다.
④ 또띠아에 소스를 바르고 모든 재료를 넣어 돌돌 말아 준 후 먹기 좋은 크기로 썬다.

재료

돼지고기(살코기) 300g
부추 30g
식용유 약간

된장 양념

된장 1큰술
설탕 1/2큰술
올리고당 1큰술
청주 1작은술
다진 마늘 1/2큰술
깨소금 1/2큰술
참기름 1/2큰술
물 1큰술

◗ 부추에는 베타카로틴, 비타민 B군, 비타민 C, 비타민 E가 많이 들어 있어요. 특히 비타민 B의 흡수를 돕는 성분이 함께 들어 있어서 더욱 좋아요. 동의보감에서는 부추를 '간(肝)의 채소'라고 할 만큼 간 건강에 좋다고 알려져 있어요.

만드는 법

① 돼지고기는 한입 크기로 납작하게 썬다.
② 부추는 송송 썬다.
③ 된장 양념을 만들어 돼지고기와 부추를 재운 후, 달군 팬에 식용유를 두르고 굽는다.

부추 돈육 된장구이

만드는 법

① 다진 쇠고기는 양념에 재운다.
② 뚝배기에 깻잎 2~3장과 쇠고기를 번갈아 얹어 주며 담는다.
③ 중탕으로 익히거나 약한 불에서 뭉근히 익힌다.

재료

다진 쇠고기 200g
깻잎 50장

쇠고기 양념

간장 2큰술
올리고당 2큰술
다진 파 2작은술
다진 마늘 1작은술
참기름 약간
물 2큰술

깻잎 쇠고기 뚝배기 찜

◗ 깻잎은 철분이 매우 풍부하여 하루 깻잎 30g을 먹으면 필요한 철분 양이 모두 충족될 정도예요. 또한 체내 염증을 완화시키는 루테올린(luteolin), 항암물질인 피톨(phytol)이 들어 있는 우수한 식재료예요.

재료

쇠고기(살코기) 200g
무 70g
연근 30g
도라지 20g
양파 1/2개
대파 1/2뿌리

조림 양념

간장 3큰술
설탕 1큰술
올리고당 1큰술
와사비 2작은술
맛술 1큰술
육수 1/2컵(100ml)

◗ 뿌리채소류는 줄기를 포함한 뿌리를 식용으로 하는 채소로, 항균작용을 하고 면역력을 높여 주는 성분들이 들어 있어요.

◗ 조림 양념에 와사비를 넣어 톡 쏘는 향을 첨가시켜 입맛을 돋우어 주었어요.

만드는 법

① 쇠고기는 2cm×2cm 크기로 나박하게 썰어 데친다.
② 무, 연근, 도라지, 양파도 쇠고기처럼 나박하게 썬다.
③ 냄비에 ②와 어슷하게 썬 대파, 조림 양념을 넣고 끓인다.
④ 뿌리채소가 반 정도 무르면 쇠고기를 넣고 중불로 줄여 양념이 충분히 배어들 때까지 졸인다.

쇠고기 뿌리채소 와사비 장조림

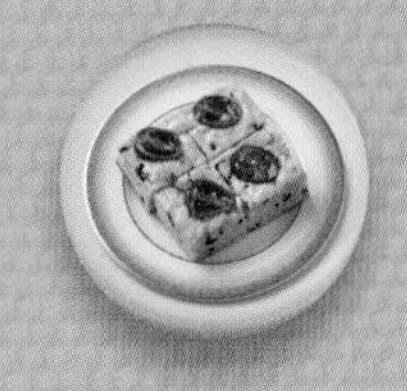

10

건강 up 기분 up, 영양간식 10가지

◗ 간식 섭취, '선택'이 아니라 '필수'인가요?

나이가 들면 소화와 저장기능이 저하되어 세끼 식사로 섭취하는 음식량과 영양소만으로는 충분하지 않아요. 간식은 부족하기 쉬운 영양소를 보충하기 좋은 방법으로 규칙적으로 섭취하도록 권장하는데, 식사로 섭취하는 칼로리 외에 150~200kcal 정도를 간식으로 섭취하면 좋아요.

◗ 간식으로 적절한 음식의 종류와 양은 어느 정도인가요?

:: 과일 : 당질 함량이 높으므로 너무 많은 양을 먹는 건 좋지 않아요.
바나나 중간 크기 1개, 포도는 33~40알, 오렌지는 1개 정도

:: 육류 · 달걀 · 콩 : 단백질이 많아 오래도록 포만감을 유지해 줄 수 있어요.
찐 메추리알 7~8개, 연두부 1개, 검정콩은 2큰술 정도

:: 견과류 : 견과류에는 불포화지방산이 들어 있어 좋아요.
호두는 3개, 땅콩이나 아몬드는 20알 정도

:: 탄수화물류 : 콜레스테롤을 낮춰 주는 식이섬유가 풍부한 상태로 섭취하면 좋아요.
중간 크기의 찐 감자는 1개, 밤은 5~6알 정도

:: 유제품 : 칼슘과 단백질이 풍부해서 좋아요.
슬라이스 치즈는 1~2장, 우유는 1컵(200ml), 플레인 요구르트는 1개 정도

:: 채소류 : 열량이 적고 식이섬유소와 비타민, 무기질 등이 풍부해서 좋아요.
작은 토마토 2개와 오이 1개를 함께 먹는 정도

(간식 양 출처 http://health.chosun.com/site/data/html_dir/2017/11/09/2017110901113.html)

오븐 찹쌀떡

재료

달걀 2개
황설탕 1/3컵(60g)
견과류 30g
말린 과일류 50g
녹인 버터 2큰술
우유 6큰술
찹쌀가루 4컵(440g)
베이킹소다 1/4작은술
계피가루 1작은술

만드는 법

① 찹쌀가루, 베이킹소다, 계피가루를 섞어 체에 내린다.
② 달걀을 풀어 황설탕을 넣고 크림색이 날 때까지 저은 후, ①을 넣고 가볍게 섞는다.
③ ②에 녹인 버터와 우유, 견과류, 말린 과일류를 넣고 섞는다.
④ 미니 머핀 팬에 식용유를 바르고 반죽을 2/3 정도 채운 후, 180℃로 예열된 오븐에서 20분 동안 굽는다.

◗ 찹쌀은 위벽을 자극하지 않으면서 소화가 잘되기 때문에 위를 편하게 해주는 대표적인 곡류예요.

◗ 미니 팬이 없을 때는 오븐용 팬도 가능하며, 팬의 크기에 따라 굽는 시간을 조절해주세요.

◗ 건포도, 건체리, 건블루베리, 건무화과, 곶감, 건대추 등의 말린 과일을 사용해도 괜찮아요.

재료

백앙금 250g
올리고당 1/4컵(50ml)
물 1컵(200ml)
한천가루 1큰술
젤라틴 가루 1/2큰술
각종 색 재료 약간

만드는 법

① 냄비에 백앙금, 올리고당, 물, 한천가루를 넣고 섞은 후 중불에서 10~15분 동안 끓인다. (색깔이나 맛을 내는 오색 재료를 넣는 경우는 이때 같이 넣어 준다.)
② 끓어오르면 물에 불려 놓은 젤라틴 가루를 넣고 섞는다.
③ 양갱 틀에 ②를 붓고 냉장고에 넣어 굳힌다.

◗ 수양갱은 일반 양갱보다 수분이 많아 목 막힘 없이 부드럽게 먹을 수 있어요. 여름철에는 냉장고에 넣었다가 먹으면 아이스크림처럼 시원하게 먹을 수 있어요.
◗ 앙금은 시판되는 것을 사서 소분해 냉동 보관하면서 한 덩어리씩 꺼내서 사용하면 좋아요.
◗ 오색 재료는 단호박가루, 녹차가루, 백년초가루 등 곡물 및 채소의 가루나 유자차, 와인, 쌍화탕 등 액체를 사용해도 좋아요.
◗ 양갱 틀이 없을 때는 어떤 틀에서 굳혀도 괜찮아요. 굳은 후 먹기 좋은 모양과 크기로 잘라 주면 좋아요.

오색 수양갱

두부 영양빵

재료

양파 1개
순두부 100g
달걀 2개
블랙올리브 1/2컵
올리브유 4큰술
박력분 140g
파르메산 치즈 가루 80g
베이킹파우더 4g
후추 약간
방울토마토 5개

◗ 이 분량이면 16cmX16cmX4cm 정도 크기의 정사각형 오븐팬이 적당해요.

◗ 전기밥솥(영양밥 기능)에서 찐빵 형태로 만들어도 부드럽게 먹을 수 있어요.

◗ 블랙 올리브에는 불포화지방산인 올레산 함량이 높아 심혈관계 질환 예방에 좋아요. 뿐만 아니라 페놀, 비타민 E 등이 풍부해 항산화, 항염 효과도 좋다고 알려져 있어요.

만드는 법

① 양파는 채 썰어, 달군 팬에 갈색이 날 때까지 볶는다.

② 양파에 순두부, 달걀, 블랙올리브(편 또는 반으로 자른 것), 올리브유를 넣고 섞는다.

③ 박력분, 파르메산 치즈 가루, 베이킹파우더, 후추를 섞어 ②에 넣고 가볍게 섞는다.

④ 오븐팬에 ③을 붓고, 윗면에 방울토마토 썬 것을 얹은 후, 180℃로 예열한 오븐에서 30분 동안 굽는다.

재료

쇠고기 40g
무 30g
단호박 40g
고구마 40g
마 40g
각종 두류(강낭콩, 병아리콩, 검정콩 등) 20g
설탕 1작은술
소금 1/2작은술
멥쌀가루 1컵(200ml)

쇠고기 양념

간장 1/2큰술
설탕 1작은술

◗ 각종 뿌리채소와 식물성 단백질인 각종 두류, 동물성 단백질인 불고기를 부재료로 듬뿍 넣어 버무린 떡으로 맛과 영양을 모두 생각한 간식 메뉴예요.

◗ 무에서 물이 나와 촉촉함이 살아 있는 떡이라 부드러운 목 넘김이 가능해요.

만드는 법

① 양념한 쇠고기는 달군 팬에 식용유를 둘러 자작하게 볶는다.
② 무는 4cm×4cm 크기로 나박하게 썰어 소금에 절인다.
③ 단호박, 고구마, 마는 1cm×1cm×1cm 크기의 정육면체로 썬 후, 설탕과 소금을 넣고 버무려 재웠다가 체에 밭쳐 놓는다.
④ 준비한 재료와 물에 불려 놓은 각종 두류, 멥쌀가루를 넣어 섞는다.
⑤ 김이 오른 찜통에 원형 틀을 놓고 ④를 수북하게 담은 후, 뚜껑을 덮고 10분간 찌고 5분간 뜸을 들인다.

불고기 버무리 떡

만드는 법

① 찹쌀가루, 멥쌀가루, 소금을 섞은 후 체에 내린다.
② 고구마는 푹 삶은 후 껍질을 벗겨 뜨거울 때 ①에 넣고 으깨면서 반죽한다. (반죽할 때 고구마 양이 부족하면 끓는 물을 약간 넣어 준다.)
③ 반죽한 것을 6~7cm 크기의 원형으로 빚어, 달군 팬에 식용유를 두르고 노릇하게 구운 후 꿀과 함께 곁들여 낸다.

재료

찹쌀가루 2컵(220g)
멥쌀가루 1컵(110g)
소금 1/2작은술
고구마 1개
꿀 약간
식용유 약간

◗ 이 분량은 6~7cm 크기의 팬케이크 4~6개 분량이에요. 2배 분량으로 반죽해서 모양을 만든 후 랩으로 싸서 냉동 보관하고 필요할 때 해동해서 부치면 좋아요.

◗ 찹쌀가루와 멥쌀가루를 섞어 주면 촉촉함이나 쫄깃함이 적절해서 만들기도 좋고 먹기도 좋아요.

오색 라테

오방색을 내는 궁합이 맞는 식재료와 우유를 넣은 라테 한 잔이면 든든한 오후 간식이 되어요. 블렌더에 간 후에는 바로 마셔야 좋아요.

재료

블랙 라테
우유 1/2컵(100ml)
검은콩 두유 1컵(200ml)
아몬드 10알, 바나나 1개

레드 라테
우유 1+1/2컵(300ml)
삶은 찰수수 50g
삶은 고구마 100g, 꿀 1큰술
계피가루 약간

옐로 라테
우유 1+1/2컵(300ml)
삶은 단호박 100g
사과 1/2개, 꿀 1작은술

그린 라테
우유 1/2컵(100ml)
멜론 150g
알로에 주스 1/2컵(100ml)

화이트 라테
우유 1컵(200ml), 마 70g
배 1/2개, 꿀 1큰술

◗ 검은콩의 안토시아닌 성분과 아몬드의 비타민 E는 뛰어난 항산화 효과를 발휘하는 것으로 알려져 있어요.

◗ 수수에 들어 있는 리놀렌산은 혈전을 높이고 콜레스테롤 수치를 낮추어 주고 프로안토시아니딘 성분은 방광의 면역을 강화시켜 준다고 알려져 있어요.

◗ 단호박 100g에 들어 있는 베타카로틴은 성인 일일권장량의 비타민 A를 충족시켜 주며 혈액순환에 도움을 주어 붓기를 빼는 데 효과적이에요.

◗ 멜론은 단맛이 있지만 칼로리는 100g당 42kcal 정도로 높지 않은 편(사과 47, 포도 72, 바나나 96kcal)이고, 칼륨 함량은 수박의 3배 정도(수박 116mg, 멜론 374mg)로 매우 높아 고혈압과 부종을 예방하는 효과가 있어요.

◗ 마의 점액질인 뮤신은 위의 점막을 보호해 주고 장내 유익균이 잘 자라도록 도와주며 식이섬유소 함량이 높아 변비를 예방하는 데도 좋아요.

◗ 예로부터 한방에서는 배와 마를 함께 갈아 먹으면 피부, 기침, 항노화 등에 효과가 있다고 알려져 있어요.

100세까지 내 손으로 해먹는 100가지 음식

초판 1쇄 인쇄 | 2019년 5월 23일
초판 1쇄 발행 | 2019년 5월 30일

지은이 주나미
발행인 정동명
발행처 (주)동명북미디어 도서출판 정다와

책임편집 김연순
디자인 정계수
인쇄소 (주)타라티피에스

펴낸곳 도서출판 정다와
주소 서울시 서초구 동광로 10길 2 덕원빌딩 3층
전화 02)3481-6801
팩스 02)3481-6805
홈페이지 https://jungdawabook.wixsite.com/dmbook
출판신고번호 2008-000161

ISBN 978-89-6991-027-1 13590

*이 도서의 국립중앙도서관 출판예정도서목록(CIP)은 서지정보유통지원시스템
홈페이지(http://seoji.nl.go.kr)와 국가자료종합목록시스템(http://www.nl.go.kr/kolisnet)에서
이용하실 수 있습니다. (CIP제어번호 : CIP2019018491)

*잘못된 책은 구입하신 서점에서 바꾸어드립니다.
*책값은 뒤표지에 있습니다.